蚕豆不同颜色的花

蚕豆不同颜色不同大小的种子

部分鲜食菜用蚕豆品种

陵西一寸

青蚕 27

苏蚕 1 号

苏蚕豆 2 号

浙蚕 1 号

丽蚕 3 号

丽蚕 7 号

青蚕 28

慈蚕 1 号

渝蚕 5 号

渝蚕 6 号

豆美 1 号

通蚕鲜 9 号

通蚕鲜 7 号

蚕豆—水稻轮作模式

CANDOU PINZHONG JI ZAIPEI JISHU YANJIU YU SHIJIAN

蚕豆品种及栽培技术

研究与实践

刘庭付　王琳琳　钟洋敏 ◎ 主编

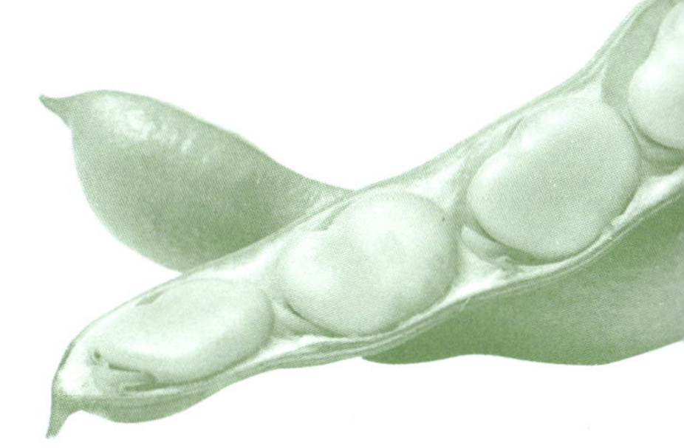

中国农业出版社
北　京

编 委 会

主　编　刘庭付　王琳琳　钟洋敏

副主编　马瑞芳　冯　玥　周锦连　范飞军

刘　波　王银燕

编　者　(按姓氏笔画排序)

马瑞芳　王银燕　王琳琳　叶海建

冯　玥　刘　波　刘　琼　刘伟平

刘庭付　李汉美　吴东涛　吴华亮

吴新义　陈　超　范飞军　季　俊

金林美　周　攀　周锦连　钟洋敏

徐永健　葛体达

PREFACE 序

蚕豆（*Vicia faba* L.）属于粮、菜、饲、肥兼用型作物，是世界第三大冬季豆类作物，在我国粮食安全和乡村振兴中发挥着重要作用。我国蚕豆种质资源丰富，类型众多，分布较广，全国种植面积约1 800万亩（干蚕豆和菜用蚕豆合计），种植面积和总产量均居世界首位。我国蚕豆分为春播区和秋播区。秋播区分为南方丘陵亚区，长江中下游亚区，西南山地、丘陵亚区；春播区分为甘西南、青藏高原亚区，北部内陆亚区，北疆亚区。

蚕豆是为数不多的多功能且全株可利用作物，收获干籽粒可作为粮食和饲料，收获嫩荚及苗可作为鲜食蔬菜，另外，秸秆可以作为饲草和绿肥，地下根系形成的根瘤是高效的生物固氮工厂。蚕豆种子含有巢菜碱、伴蚕豆嘧啶、磷脂、胆碱、植物凝集素、胰蛋白酶抑制剂等成分，具有健脾利湿的功效，可治隔食、水肿，捣敷外用可治秃疮；蚕豆种皮中的原花青素具有抗氧化活性，能够抗衰老；蚕豆叶、花、鲜荚中的左旋多巴可以预防帕金森病；蚕豆种皮、子叶、叶中的酚类具有降血糖、降血脂、预防心血管疾病的作用；蚕豆花具有凉血、止血的功效，可治咳血、鼻衄、血痢、带下、高血压病等。

中国蚕豆产业始于20世纪90年代，21世纪初，上海、南京、杭州、南通、苏州、无锡等大中城市的鲜食蚕豆消费和加工出口需求量剧增，使得我国长江、闽江流域的江苏、浙江、福建等省份的鲜食蚕豆种植面积快速增长，我国南方地区蚕豆鲜食菜用生产面积不断扩大。2009 年国家食用豆产业技术体系成立，2020 年中国园艺学会豆类蔬菜分会成立，自此蚕豆产业得到了快速高质量发展，围绕产业需求，育成推广了一批粮菜等功能型新品种，开发应用了一批育种新技术，研究总结了一批栽培新模式，建立示范了一批成果转化基地。

该书在浙江省科技厅、农业农村厅等部门的菜用蚕豆新品种选育项目及市级农科院产业联盟项目的支持下编写而成，内容涵盖蚕豆的栽培史、分布、地位、类型及形态特征，以及蚕豆营养品质、地方品种利用及引种驯化、育种技术、栽培技术、春化作用、病虫害防治、加工技术、秸秆利用等方面的研究进展及实践，具有较强的理论性和实用性，是一部系统阐述蚕豆发展和关键技术的著作，适合从事蚕豆生产、科研、教育等工作的人员阅读参考。

国家食用豆产业技术体系首席科学家 陈新

2024 年 10 月

CONTENTS 目录

第一章 PART ONE

绪　论

第一节　蚕豆的栽培史

蚕豆（*Vicia faba* L.），别名胡豆、佛豆、罗汉豆等，属豆科野豌豆属一年生或越年生草本植物，是重要的粮饲菜肥兼用作物，是世界上第三大冬季可食用豆类作物。我国蚕豆种质资源丰富，类型众多，分布较广，种植面积和总产量均位居世界第一。

蚕豆是人类栽培最古老、最重要的食用豆类作物之一，蚕豆的起源有较多研究。Muratova（1931）认为蚕豆的起源中心在欧洲东南部。Hanelt 等（1973）报道，死海北面的 Jericho 发现了公元前6250 年的蚕豆残留种子，在叙利亚西北部的考古发现表明，蚕豆的起源可以追溯到公元前 10000 年。Cubero（1974）推测蚕豆起源中心在近东地区，并由此向 4 个方向传播：从地中海地区向北传播到欧洲，从北非沿地中海岸传播到西班牙，从尼罗河三角洲传播到埃塞俄比亚，从美索不达米亚平原向东传播到印度，从印度传播到中国。Ladizinsky（1975）认为中亚中心是蚕豆最初起源地，地中海沿岸及埃塞俄比亚是大粒蚕豆的次生起源地。Maxed（1993）认为亚洲的西南部是野豌豆属的起源中心。学者叶茵等（2003）认为，根据 Schultze Motel 1972 年的考古，蚕豆是在新石器时代后期（公元前 3000 年）被引入栽培的。以色列考古研究中发现的蚕豆种子说明公元前 6800—前 6500 年已有蚕豆种植。蚕豆与

Narbonensis 复合体（*V. narbonensis*、*V. galilea*、*V. johannis* 和 *V. hyaeniscyamus*）以外的其他物种之间存在较大差异。Zong 等（2009，2010）利用 AFLP 分别对中国春性和冬性蚕豆资源与国外蚕豆资源进行比较研究，结果表明，中国蚕豆资源明显与国外资源相分离，可以推断中国可能是蚕豆的又一个次生多样性中心。2020 年左右被系统提出并逐步明确，尤其是通过跨学科研究（遗传学＋考古学＋语言学）整合后，蚕豆起源于亚洲中部和西部，阿富汗和埃塞俄比亚为次生起源地。

蚕豆何时传入中国没有确切的记载，但有一些历史文献记载了中国蚕豆的来源和用途。3 世纪上半叶，三国时代张揖撰写的《广雅》中有胡豆一词。1507 年，北宋宋祁撰《益部方物略记》记载："佛豆，豆粒甚大而坚，农夫不甚种，唯圃中莳以为利，以盐渍食之，小儿所嗜。"明代李时珍撰《本草纲目》说："张骞使外国得胡豆种归，今蜀人呼此为胡豆。"佛豆、胡豆即为现在的蚕豆。若《本草纲目》记载可靠，蚕豆传入中国的历史已有 2 100 多年。但据 1956 年和 1958 年在浙江吴兴（秋播蚕豆区）发掘出的新石器时代晚期的钱山漾文化遗址中出土了蚕豆半炭化种子，又据 1973 年在甘肃广河（春播蚕豆区）的历史遗迹中出土了绘有蚕豆粒形象的古陶器，说明距今 4 000～5 000 年前中国已经栽培蚕豆了。云南丽江一带有一种拉市青皮豆，栽培历史很久，据说是当地的原产品种。由此可见，蚕豆在中国的栽培历史十分悠久。

中国蚕豆产业于 20 世纪 90 年代开始逐渐发展。21 世纪初，上海、南京、杭州、南通、苏州、无锡等大中城市的鲜食蚕豆城市消费和加工出口需求量极大，使得我国长江、闽江流域的浙江、江苏、福建等省份的鲜食蚕豆种植面积快速增长，我国南方地区蚕豆生产以干籽粒为主转为以鲜食菜用为主，目前已达到产业提升阶段，蚕豆育种受到越来越多重视。了解蚕豆品种发展现状，研究蚕豆品种发展趋势，对于辨识和掌握蚕豆育种方向，助力蚕豆产业更快提升有重要意义。随着蚕豆产业的转型升级，蚕豆育种目标由传统的高产优质向着提质增效转型，发挥蚕豆品种最大效能，显著提升经济效益，将是蚕豆品种的发展趋势。

第二节 蚕豆的分布

一、世界蚕豆的分布

蚕豆的栽培区分布在北纬48°～60°超过55个国家的雨养和灌溉区域。其中，亚洲和非洲共计约占72%的面积、80%的产量。过去50年，蚕豆种植的主要地理区域包括亚洲东南部（34%）、东非（20%）、亚洲中部和西部以及非洲北部（CWANA，18.8%）、欧洲（2.7%）、澳大利亚（6.3%）和拉丁美洲（7.3%）。东非的埃塞俄比亚是夏播蚕豆的主产区，在高地种植了52万 hm^2 蚕豆，每年收获52万t。在CWANA地区，摩洛哥、埃及、苏丹和突尼斯是主产区，种植冬播蚕豆48万 hm^2，总产量76万t。蚕豆的主要消费地区包括东亚、东非、西亚以及北非（WANA），在这一地区有6个蚕豆产量排名前10的国家。

二、中国蚕豆的分布

中国蚕豆栽培分布的特点是南方多，北方少；秋播多，春播少；平原多，山地少；水稻产区多，杂粮产区少。云南是中国蚕豆栽培面积和规模最大的省份，占全国栽培面积的30%左右，浙江栽培面积为2.7万 hm^2。中国蚕豆主要分布在长江流域一带，种植面积占全国总面积的90%左右。中国蚕豆栽培主要分为春播、秋播两大生态区域。春播区蚕豆生产以粮用干籽粒蚕豆为主，鲜食菜用蚕豆面积近年来不断增加；秋播区蚕豆生产以粮用干籽粒蚕豆为主，兼有鲜食蚕豆。

（一）秋播区

秋播区是中国蚕豆主要产区，包括云南、四川、重庆、湖北、湖南、江苏、上海、浙江、安徽、福建、广东、广西、贵州、江西和陕西南部等地。该区域蚕豆播种面积约占全国总面积的 84%，总产量约占 78%。本区蚕豆种植地的纬度、海拔、温度、降水量等差异都很大。该区域的北部纬度较高（北纬 33°32′），秋季气温下降早、冬季气温低，蚕豆播种早，成熟晚，生育期长；南部纬度低（北纬 22°30′），冬季温暖，蚕豆播种迟，但成熟早，生育期短。

秋播区的总体特点是秋播春夏收，生长季节较长，全生育期在 170 d 以上，有“蚕豆吃到四季水”之说。该区域冬季有一个低温过程，但 1 月平均气温在 0 ℃左右，最低气温－7～－3 ℃，极端最低温度－10 ℃以下，蚕豆在低温条件下通过春化阶段。秋季降水量少、春季降水量多、结荚期光照不足和冬季冻害等是导致该区蚕豆产量不稳、不高的主要限制因素。

秋播区的蚕豆主要是水稻的后作，在冬季与大麦、小麦或油菜轮作；也是旱地棉、麻种植区间套作的主要作物。该区可分为 3 个亚区：

1. 南方丘陵亚区 包括广西、广东和福建等地，全年无霜期长，为 300～325 d，年平均气温 19.6～21.8 ℃，1 月平均气温 10.5～12.8 ℃，1 月平均最低气温 7.6～9.7 ℃，蚕豆生育期≥5 ℃积温 1 300～1 500 ℃，年降水量 1 300～1 700 mm，但蚕豆生长季节遇到干旱时需要灌溉。11 月播种，翌年 4 月收获，春化处理后可以提早至翌年 2 月收获，全生育期 140～160 d。

2. 长江中下游亚区 包括北纬 28°～32°的上海、浙江、江苏、江西、安徽、湖北、湖南等地，是我国蚕豆的主产区之一，栽培面积占全国总面积的 37.41%。该区域全年无霜期 220～280 d，年平均气温 11.5～17.5 ℃，1 月平均气温 2.0～5.0 ℃，1 月平均最低气温-1.2～2 ℃，蚕豆生育期≥5 ℃积温 1 200～1 300 ℃，年降水量 1 000～1 600 mm。10 月中下旬至 11 月上旬播种，翌年4～5月下旬收获，春化处理后可以提早至翌年 2～3 月收获，全生育期 170～230 d。

3. 西南山地、丘陵亚区　包括云南、四川、贵州和陕西的汉中地区。该区纬度跨越较大，海拔高低悬殊，南面低纬度、高海拔，北面高纬度、低海拔，但生态条件差异不大，是我国蚕豆主产区之一。播种面积约占全国总面积的 42%，全年无霜期 220～300 d，年平均气温 14.7～16.2 ℃，1 月平均气温 4.9～7.7 ℃，1 月平均最低气温 1.4～2.4 ℃，年降水量 950～1 200 mm。10 月播种，翌年 4～5 月收获，全生育期 210 d 左右。

（二）春播区

春播区的地域广阔，包括甘肃、内蒙古、青海、山西、陕西北部及河北北部、宁夏、新疆、西藏和四川西北部等地。该区域蚕豆播种面积仅占全国总面积的 16%左右，单位面积产量较高，总产量约占全国的 20%。

春播区的总体特点是春播秋收，一年一熟，一般在 3～4 月播种，8 月收获，生长季节短，蚕豆能在较高的温度下通过春化阶段，在适宜的温度条件下开花结荚，且光照时间长，光照强度大，有利于籽粒发育，蚕豆比较高产稳产。该区可分为 3 个亚区：

1. 甘西南、青藏高原亚区　是我国大粒蚕豆产区，包括西藏、青海、甘肃西南部和中部地区，地处北纬 34°～37°，海拔 1 500～4 300 m，年平均气温 5.7～9.1 ℃，7 月平均气温 15.1～23.5 ℃，蚕豆生育期≥5 ℃积温 1 300～1 500 ℃，全年降水量 300～450 mm，全年无霜期 100～180 d，年日照时数 2 600～3 000 h。一年一熟，3 月中旬到 4 月中旬播种，8～9 月收获，全生育期 150～180 d。

2. 北部内陆亚区　包括地处北纬 38°～44°的内蒙古、河北、山西、宁夏及甘肃河西走廊。其走向为沿着长城内外一线，海拔800～1 600 m，年平均气温 5.8～12.9 ℃，7 月平均气温 21.9～26.6 ℃，蚕豆生育期≥5 ℃积温 1 700～1 900 ℃，年降水量 200～550 mm，但分布不均，河西走廊不足 100 mm。3 月中旬至 5 月中旬播种，7～8月收获，全生育期 100～130 d。该区又可划分为长城沿线小区、河套小区和河西走廊小区。

3. 北疆亚区　包括新疆天山南北地区，属大陆性干旱、半干旱气候。一年一熟以小麦、玉米为主，蚕豆栽培面积较少，年平均气温 5.7～13.9 ℃，7 月平均气温 23.5～32.7 ℃，年降水量 16.4～277.6 mm。栽培蚕豆水源主要依靠天山雪水灌溉。

（三）无蚕豆种植区

在秋播区和春播区之间，还存在一个过渡区。该过渡区大致位于山西和河北南部、河南北部、山东、黑龙江、吉林、辽宁等地。以上地区均因气候条件对秋、春播均不利。

第三节　蚕豆的地位

一、蚕豆的多功能

蚕豆是一种富含淀粉、高蛋白、低脂肪的豆类作物，并含多种维生素，有丰富的人、畜不能合成的必需氨基酸，被称为“新的蛋白质食物”。蚕豆用途广泛，鲜嫩的蚕豆籽粒可作为时鲜蔬菜，并受到城市民众的喜爱；秸秆是优质的青饲料和重要绿肥，农民习惯把风干秸秆粉碎作为粗饲料。此外，蚕豆的茎、花、荚和叶皆可入药，有健脾除湿、通经凉血的作用，对尿频、咳血、鼻出血有显著疗效。

蚕豆的血糖生成指数低于绿豆、红小豆等豆类，更远低于常见谷类食品，可能与其良好的直链淀粉和支链淀粉比例以及所含的抗性淀粉、膳食纤维和抗营养素等有关。蚕豆含有丰富的膳食纤维，可以使人产生饱腹感，促进肠道蠕动，帮助预防心血管疾病、癌症、糖尿病等疾病。

二、蚕豆在农业生产中的作用

蚕豆的生物学特性和经济价值决定了其在农业生产中占有重要地位。蚕豆在轮作换茬、调节农田生态平衡中具有重要作用。轮作中加入蚕豆，是充分利用土地提高作物单位面积产量和整个轮作周期总产量的传统经验做法。根据不同地区的自然条件、经济条件和蚕豆本身的特性，人们创造了多种多样的蚕豆轮作、间作、套作方式，如蚕豆—水稻轮作成为南方地区最大的轮作模式之一。蚕豆适应冷凉气候和多种土地条件，有生物固氮之王的美誉。蚕豆根系着生大量共生根瘤菌，可固定空气中的游离氮素。据研究，每亩①蚕豆根瘤菌可平均固氮 10 kg，是种植业结构调整中重要的间套作和养地作物。

第四节　蚕豆的类型及形态特征

一、蚕豆的类型

蚕豆大、中、小粒变种主要按种子的大小和重量来划定，不同科学家所定的标准不一致（表 1-1）。我国一般将百粒重 70 g 以下划为小粒变种，百粒重 70～120 g 划为中粒变种，百粒重 120 g 以上划为大粒变种。变种内的栽培种在植物学上的差别，则以不连续性状来区分。如依播种期和春冬性，分为春性蚕豆和冬性蚕豆；依种皮颜色，分为白皮蚕豆、绿皮蚕豆、黑皮蚕豆和红皮蚕豆；依花色，分为紫花蚕豆、白花蚕豆、全白花蚕豆（花器翼瓣上没有黑斑）；依脐色，分为白脐蚕豆、黑脐蚕豆、绿脐蚕豆、红脐蚕豆；

---

①亩为非法定计量单位，1 亩=1/15 hm^2。——编者注

依开花习性，分为无限型、有限型。这些都是依据形态学和质量性状的分类方式。对栽培品种，又以容易辨别的连续性状，如生育期、株高、叶色、叶片大小等的差别来进行区分。根据用途不同，还可分为饲用、食用（鲜销蔬菜型、干籽粒加工型）和绿肥用品种；按成熟期可分为早熟型、中熟型和晚熟型品种。

表 1-1　蚕豆亚种的种子和荚的特性

亚种	种子的重量与形状	荚的特性
major	单粒重≥1.0 g，扁平	大小不等，2～10 粒种子，平，厚，不开裂
equina	0.5 g<单粒重<1.0 g，较扁平	中等大小，3～5 粒种子，平
minor	0.3 g<单粒重<0.5 g，圆柱形至圆形	小，3～4 粒种子，圆柱形
paucijuga	0.2 g<单粒重<0.3 g，圆形至椭圆形	很小，开裂或不开裂

注：引自 Singh 等，2013。

二、蚕豆的主要形态特征

1. 根　蚕豆根由主根、侧根和根瘤三部分组成。主要功能是吸收养分和水分，固定和支撑植株，并含有共生固氮菌，能固定游离态氮，对蚕豆的生长和产量至关重要。种子萌发时，胚根首先生长，其尖端的生长点不断分裂，推动根的生长。主根深入土壤，可达 80～150 cm，能够吸收深层土壤营养，如钙素，并将其带到上层土壤。侧根主要在地表附近水平分布，后向下生长，入土深 80～110 cm，但大部分根系集中于 30 cm 土层内。

根瘤的发育与蚕豆的生长和产量紧密相关。蚕豆根瘤菌属于豌豆族，可与豌豆、扁豆等植物的根瘤菌相互接种。在适宜条件下，主根、侧根和分枝根都能通过根尖伸长生长。根尖分为根冠、分生区、伸长区和根毛区，各区具有不同的生理功能和细胞结构。根冠位于顶端，分生区是新细胞产生的主要区域，伸长区细胞伸长和分化，根毛区是植株吸水的主要部位。

定苗后，杆状根瘤菌被根毛分泌的有机物质吸引，聚集在根毛周围，并侵入皮层内部，形成侵入线，最终在皮层细胞内繁殖，形成根瘤。根瘤的发展分为复瘤、中等瘤和小瘤三级，其中复瘤固氮速率高，主要分布在主根上。移栽时应带土连根移植，以保护根瘤菌。秋播蚕豆的根瘤菌生长在苗期较弱，中期旺盛，后期衰退。越冬期间根瘤生长缓慢，春季回暖后加速。结荚期开始，根瘤逐渐衰老，但适量氮肥可延缓其衰老，成熟时仍有部分粉红色的根瘤。

2. 茎秆　茎秆的功能在于支撑叶片和荚果，合理配置叶面积分布与结荚部位，同时输送养分和水分。蚕豆茎秆为草质茎，直立（也有些原始类型为蔓生或半蔓生），呈四棱形，表面光滑无毛，质柔嫩，中空多汁。株高差异大，从 30 cm 到 180 cm 不等，一般早熟品种较矮，晚熟品种较高。蚕豆幼茎颜色有淡绿色、紫红色和紫色等，是苗期鉴别品种、进行田间去杂提纯的重要依据。蚕豆茎上有节，节是叶柄在茎上的着生处，也是花荚或分枝在茎上的着生处。茎从子叶的两腋长出，通常直立不易倒伏，但有些品种在结荚时易倒伏。茎秆的生长与栽培管理条件紧密相关，节间距离和茎秆粗细与产量相关，一般产量 3 750 kg/hm^2 以上的秋播群体中，单枝茎粗应达到 0.7 cm 以上。茎秆横剖面可见大部分维管束集中在四棱角上，如同亭柱式的布局，使结构加固，因此蚕豆较其他植株抗倒性强。

蚕豆的分枝能力强，主茎由子叶的幼茎延伸形成，其基部两叶腋间一般产生 2 个子叶节分枝。主茎上的分枝称为一级分枝，一级分枝上的分枝称为二级分枝，以此类推。一级分枝最常见，三级分枝较罕见，主茎第 1～2 节分枝较多，自基部叶腋发生，第 3 节以后明显减少，主茎第 4 节以上的腋芽一般停止发育。分枝数量与品种、播种期、密度和土壤肥力等因素有关，一般 2～5 个分枝，多的可达 20 多个，但后期分枝多数不能结实。据叶绍坤观测，主茎 1～4 叶位分枝发生率分别为：1 叶位 90%，2 叶位 70%，3 叶位 15%，4 叶位 5%，叶位越高发生分枝的可能性越小。蚕豆二级分枝发生迟，发育往往不良，即使能开花、结荚，也总是荚小粒少，所以二级分枝属于无效分枝，一般不能正常发育成荚。因此，要在施肥管理上促进主茎基部两个节间最先发出的分枝生长发育，抑制二级分枝，并去除主茎，以提高产量。

3. 叶片　蚕豆的叶包括子叶和真叶。叶片由托叶、叶枕、叶柄和叶轴组成。子叶两片，肥大且富含营养，但由于下胚轴缺乏延伸性，两片子叶在种子萌发时不出土。真叶为互生羽状复叶，每片复叶由小叶、叶柄和托叶组成。叶柄负责连接叶片和茎，是水分和养分运输的通道。托叶位于叶柄与茎连接处，似三角形，有保护叶芽的作用。背部有一腺体，呈紫色小斑点，是退化蜜腺。小叶呈椭圆形或倒卵形，全缘无毛，肥厚多肉质，叶面绿色，背面略带白色。植株下部的小叶较小，茎节间短，一般小叶数为 3～6 片的复叶上的小叶，其叶面积较大，且茎节间较长；3 片小叶以下、6 片小叶以上的复叶上的小叶，其叶面积较小，茎节间也较短，小叶可能退化成卷须；复叶上的小叶数量先增后减。据上海农学院对当地长腿地方品种观察的结果，蚕豆每分枝平均 22 片叶，其中六叶型复叶最常见，约 7 片，其次是五叶型；九叶型复叶最少。小叶片的生长速度由慢到快再到慢，直至收获前 20 d 左右停止生长。叶面积系数在现蕾至盛花期迅速增加，表明此时营养生长和生殖生长旺盛。高产栽培中，保持开花至结荚期的高叶面积系数至关重要，因为五、六、七叶型复叶对花荚形成有直接影响，而三叶型以下和七叶型以上的复叶对花荚形成的影响效果较差。

4. 花　蚕豆的花为蝶形花，由花萼、花冠、雄蕊和雌蕊组成。

蚕豆花器结构紧密，花粉易散落在龙骨瓣内和柱头上，因而主要为自花授粉，但由于花器较大，花冠形状多样，可引诱昆虫采粉，因此能通过虫媒进行异花授粉，异交率一般为20%～30%，为常异花授粉作物。

(1) 花萼。花萼钟形，绿色，位于下方，无毛，长约1 cm，上部5裂，裂片狭披针形，下部连合成杯状。能进行光合作用。

(2) 花冠。花冠左右对称，腋生，数朵聚生，呈短总状花序，花冠为蝶形花，位于花萼内侧上方；花冠由5片花瓣组成，有旗瓣、翼瓣和龙骨瓣。最上方1片大的为旗瓣，在花未开放时旗瓣包围其余4片花瓣。旗瓣两侧内各有1片形状和大小相同的翼瓣，翼瓣内下面有两瓣基部连在一起，形似小船的花瓣为龙骨瓣。一般翼瓣为白色，中央有1个黑色大斑（也有的是紫红斑、浅黄斑），旗瓣和龙骨瓣为白色。主要依据旗瓣的颜色将花色分为白色、紫色、紫红色、浅紫色、紫褐色等。花色是鉴别不同品种的特征之一，有的也用花色来命名品种。花朵聚生成花簇，一个花簇着生2～6朵花，最多达9朵。花簇结荚率低，通常结荚1～2个。

(3) 雄蕊。雄蕊在花冠的内部，共10枚，其中9枚雄蕊的花丝下部连在一起成管状，将雌蕊包围，另1枚雄蕊单独分离，称为二体雄蕊。花药着生在花丝顶端。

(4) 雌蕊。雌蕊1枚，位于雄蕊中间。雌蕊包括柱头（翼状）、花柱和子房3部分。花柱稍向上弯曲，子房长扇形，1室，内侧着生胚珠1枚至多枚，无毛，无柄，受精后发育成籽粒。

5. 荚　蚕豆单株结荚数是产量构成因素之一。蚕豆的果实为荚果，由子房发育而成，一个心皮组成圆筒形。豆荚单独或成簇着生在节上，每株可结荚10～30个。荚果嫩时为绿色，参与光合作用，对同化产物的贡献率为20%。幼荚肉质多汁，荚内有丝绒状茸毛。荚长扁圆形而肥大，皮软而厚，被茸毛，荚长5～20 cm或更长，宽2 cm或更宽，形如老蚕。

荚果成熟时，由于酪氨酸的氧化作用而变成褐色或黑色。豆荚沿背缝线处裂开散落种子，腹缝线由心皮的边缘结合而成。种子以种柄着生于腹缝线上，荚内一般含 1～7 粒种子，通常以 2～4 粒居多，多者可达每荚 8 粒甚至更多。种子占全荚重量的 60%～70%。荚长、粒多并不一定意味着高产，实际生产中以 2 粒或 3 粒荚为常见，每荚粒数具有遗传性，在育种工作中值得重视。

第二章 PART TWO

蚕豆研究进展

第一节　营养品质

营养物质是蚕豆生长发育和形成产量的物质基础，蚕豆通过地下部汲取水分及溶解于水中的营养物质，输送至植株全身，供生长及维持各器官的多种新陈代谢；并从地上部分获得糖类原料，进一步合成淀粉、糖、蛋白质、核酸、脂肪等构成原生质的成分和半纤维素、纤维素、木质素等构成细胞壁的物质，以及植株内含有的所有其他有机物质。

一、蚕豆的营养成分

食用蚕豆根据其形态和用途可分为干蚕豆、鲜食蚕豆、鲜豆荚。干蚕豆是成熟的蚕豆果实被收割后脱荚晾晒或烘干的蚕豆籽粒，易于储存；鲜食蚕豆是指成熟初期从豆荚中剥离的鲜蚕豆籽粒，水分含量高；鲜豆荚是在豆荚硬化前采摘的嫩荚和嫩豆，通常作为蔬菜食用。

将干蚕豆、鲜食蚕豆和鲜豆荚的营养成分进行对比可知（表 2-1），干蚕豆含有较高的蛋白质、糖类和膳食纤维，以及丰富的矿质元素如钙（Ca）、磷（P）和镁（Mg），还含有一定的维生素 C；鲜食蚕豆和鲜豆荚的水分含量较高，蛋白质和其他营养成分相对较低，鲜食蚕豆的维生素 C 含量较高，鲜豆荚则含有一定的膳食纤维和矿质元素。

表 2-1 每 100 g 干蚕豆、鲜食蚕豆和鲜豆荚的营养成分对比

营养成分	干蚕豆	鲜食蚕豆	鲜豆荚
水分（g）	10.98	81.23	87.31
灰分（g）	3.08	1.12	0.61
蛋白质（g）	26.12	5.62	3.81
脂肪（g）	1.53	0.62	0.11
糖类（g）	58.29	11.7	8.22
膳食纤维（g）	25.2	4.2	4.9
钙（mg）	103	22	50
磷（mg）	421	95	61
镁（mg）	192	38	37
维生素 C（mg）	1.4	33.2	20～30

数据来源：郑卓杰，1997，《中国食用豆类学》。

1. 糖类　蚕豆种子主要由子叶和种皮构成，其中子叶约占总重量的 87%，种皮约占 13%。糖类在整粒种子中的含量超过 60%，在种皮中的含量高达 90%。淀粉、膳食纤维和可溶性糖为蚕豆糖类的主要组成部分。在糖类总量中，可溶性糖的比例不足 10%，而且在种皮中的含量更低。可溶性糖主要由蔗糖及其相关的低聚糖组成，同时，也有少量的单糖，包括葡萄糖、果糖、鼠李糖、木糖和半乳糖等。蚕豆中的膳食纤维主要由半纤维素、纤维素和木质素构成。蚕豆种皮中膳食纤维含量最高，达 82.3%。

淀粉是蚕豆种子中糖类的主要形式，占整粒种子的 42%，在子叶中的占比更是达到了 50%。值得注意的是，不同蚕豆品种间

的淀粉含量存在显著差异。韩雪梅等（2021）对青海省蚕豆种质资源进行淀粉含量遗传多样性分析，发现淀粉含量差异大，其中红大豆的淀粉含量最高，达到52.77%，西皮尕大豆淀粉含量最低，只有31.72%。

蚕豆淀粉组成中直链淀粉含量较高，田晓红等（2009）对20个蚕豆品种的直链淀粉含量研究发现，不同品种蚕豆淀粉的直链淀粉含量存在差异，含量为37.08%～47.12%。潘元风（2007）和Gunasekera等（1999）对不同蚕豆品种的淀粉含量研究发现，直链淀粉含量为17%～32%，直链淀粉含量与籽粒大小具有一定相关性，大籽粒品种直链淀粉含量较低，小籽粒品种直链淀粉含量较高。蚕豆淀粉溶解度较低，蚕豆淀粉中的抗性淀粉和慢消化淀粉占比较高。

2. 蛋白质　蚕豆富含蛋白质，干籽粒蛋白质含量为20.3%～41.0%，仅次于大豆、四棱豆和羽扇豆等高蛋白作物，是水稻蛋白质含量的4.6倍，是小麦的近3倍。就同一个品种而言，蚕豆籽粒蛋白质含量受栽培季节（春播或秋播）、栽培环境、单产水平及测定样品所处结荚部位等影响。相关研究表明，蚕豆蛋白质含量与籽粒大小可能具有一定相关性，通常大籽粒品种蛋白质含量较低，小籽粒品种蛋白质含量较高。

蚕豆蛋白质主要以两种球蛋白形态存在，即豆球蛋白和豌豆球蛋白，二者相对分子质量分别为360 000和180 000，沉降系数分别为11 S和7 S。

蚕豆中豆球蛋白含量是豌豆球蛋白的2～3倍，是蚕豆种子储藏的主要蛋白质组分。据研究，在种子发育过程中，这两种蛋白质并不是同步产生的，首先合成的是豌豆球蛋白，受精后40 d左右，豆球蛋白以更快速度进行生物合成，最后成为主要的蛋白质组分。在pH<4.7时，豆球蛋白不溶，但豌豆球蛋白可溶。由于豆球蛋白溶解性差且功能弱，蚕豆在食品中的应用受到限制。高压均质化

和酶促水解可以提高蚕豆蛋白质的溶解性和功能特性，使蚕豆可以作为功能成分在食品配方中得到更广泛的应用。

3. 脂肪 蚕豆脂类化合物只占干重的1%～2%。蚕豆的这一独特属性使其在储藏性方面优于大豆、花生等作物。蚕豆种皮的坚固性为蚕豆提供了额外的保护，显著减少了因发热和生霉导致的储藏问题，同时也有效避免了酸败和变质情况的发生。

三酰甘油酯是蚕豆脂类物质的主要组分，占总含量的35.6%，磷脂占总含量的29.49%。蚕豆饱和脂肪酸含量为13.13%，不饱和脂肪酸含量为63.76%，不饱和脂肪酸主要为油酸和亚油酸。其中，亚油酸含量超过了总脂肪酸含量的40.60%。

蚕豆独特的豆腥味主要来源于其籽粒中存在的多种酶类。这种豆腥味并非蚕豆固有的特质，而是在蚕豆磨碎过程中，脂肪氧化酶作用于水和脂肪的混合物迅速引发氧化反应所致。这一氧化过程主要涉及不饱和脂肪酸，包括油酸、亚油酸、亚麻酸等，其中亚麻酸是产生豆腥味的主要前体化合物。在脂肪氧化酶的催化作用下，不饱和脂肪酸被氧化生成不稳定的氢过氧化物中间体，这些中间体进一步裂解，形成具有豆腥味的物质，如正己醇、己醛和酮类等。即便油脂氧化物在豆奶中的含量极低，仅为0.2%，也足以使产品产生难以接受的豆腥味。此外，这些氧化物与蚕豆中的蛋白质具有亲和性，使得通过提取或洗涤等传统方法难以去除这些豆腥味物质。然而，脂肪氧化酶具有热钝化的特性，即用100 ℃以上的蒸汽处理或采用微波加热等方式，可以迅速使酶失活。因此，对蚕豆进行预先加热处理，以钝化脂肪氧化酶，可有效去除豆腥味，且这种方法的脱腥效果优于单纯的浸泡去腥处理。

4. 其他物质 蚕豆籽粒含有多种矿质元素，如磷、钾、钙、镁、硫和铁。蚕豆种皮中磷的含量相对于子叶中少些，而钙的含量多些，硫含量中60%以氨基酸的形式存在，磷含量中有40%～

60%是不能被吸收利用的无效成分。

蚕豆是B族维生素的优良来源，每100 g蚕豆干籽粒中含维生素B_1 0.38 mg、维生素B_2 0.24 mg、烟酸2.10 mg。

蚕豆酚类物质以糖苷形式存在于植株中。当籽粒完整时，蚕豆组织中的酚类物质作为呼吸传递物质，在酚—醌之间保持动态平衡；当细胞被破坏后，氧进入细胞内，在酶的作用下形成大量醌类物质，平衡受到破坏，进而发生醌积累，醌进一步发生氧化并聚合形成褐色素。该过程被称作酶促褐变。蚕豆种子之所以发生褐变，就是在氧气、温度、光照等条件影响下，种皮中酚类物质氧化成醌，使种皮逐渐转变为褐色、浓褐色甚至黑褐色，大大降低商品价值。另外，蚕豆中的还原糖类与氨基酸经缩合、聚合会生成类黑色素（美拉德反应）。

单宁是一种多酚类化合物，在蚕豆中的含量较为丰富。蚕豆中的单宁大部分集中在种皮中，有60%～90%的单宁以凝聚态形式存在。单宁对蚕豆的食用品质有一定负面影响，因为单宁可以与蛋白质和消化酶结合，限制营养素的利用率，同时干扰其他物质的有效性。尽管单宁在一定程度上影响了蚕豆的消化吸收，但它们也具有一定的抗氧化性质，对人体健康有潜在的益处。

蚕豆中存在特定糖苷，蚕豆嘧啶葡糖苷和伴蚕豆嘧啶核苷在蚕豆种子的不同成熟阶段含量有所变化。在幼嫩种子中，这两种糖苷的含量较高，分别为1.94%和0.83%，在成熟种子中的含量显著降低，分别为0.66%和0.31%。这些糖苷与一种罕见的遗传性疾病——葡萄糖-6-磷酸脱氢酶（G6PD）缺乏症有关。G6PD缺乏症是一种性染色体连锁的遗传性疾病，常见于男性。患者血细胞中缺乏G6PD，导致还原型的谷胱甘肽含量不足，血细胞的抗氧化能力下降。当这些患者吸入蚕豆花粉或食用未成熟的蚕豆时，蚕豆中的蚕豆嘧啶和伴蚕豆嘧啶等物质可能触发血细胞的溶解，引起急性溶血性贫血，这种情况被称为蚕豆病。蚕豆病的急性症状可能包括发热、头痛、恶心、四肢酸痛、黄疸、血尿、肌肉痉挛和昏迷等。在某些情况下，病情可能迅速恶化，严重时可导致死亡。然而，大多数情况下，患者在几天内可以恢复正常，前提是及时识别症状并采取适当的医疗措施。

二、蚕豆的营养变化

1. 有机物积累过程

（1）糖类。在蚕豆的生长发育过程中，单株糖类的含量在开花前相对较少，在开花后逐渐增加。不同器官的糖类积累模式表现出显著的不一致性。具体而言，叶片中的糖类总量处于较低水平，在种子充实阶段，糖类的含量达到峰值。值得注意的是，尽管种子在完熟期的糖类含量维持在较高水平，但这一含量并不会随着成熟过程的进一步发展而降低。

相比之下，茎秆和荚果中的糖类总量相对较高，这两种器官在种子充实阶段均达到了糖类含量的峰值。进入完熟期后，这两种器官的糖类含量会迅速下降。与此相反，种子中的糖类含量在充实阶段呈现出明显的线性上升趋势，并在完熟期保持最高水平。

这种糖类的积累规律表明，茎秆和荚果在糖类的代谢过程中起到了重要的中转库作用。在种子充实期，它们将积累的糖类转移到种子中，以支持种子的生长和发育。这一转移过程不仅对蚕豆的生殖成功至关重要，也为解释植物糖类代谢机制提供了重要的生物学证据。

在蚕豆的生长发育过程中，叶片和茎秆在生长初期、开花期及籽粒充实期显示出较高的还原糖、非还原糖和淀粉含量。荚果在籽粒充实期达到糖类物质的积累高峰，随后这些物质的含量显著减少。与此同时，种子中的还原糖含量在成熟过程中减少，非还原糖和淀粉含量呈线性增长。

（2）蛋白质。在营养生长阶段，蚕豆植株的蛋白质含量相对较

高，以支持其快速生长和代谢活动。随着植株进入生殖生长阶段，蛋白质的合成和分配逐渐发生变化。在开花结荚期，蛋白质含量通常会达到一个峰值，因为此时植株需要大量的蛋白质支持花和荚的发育。随着种子的成熟，部分蛋白质会被分解或转移到种子中，用于种子的充实和发育，导致植株整体蛋白质含量逐渐下降。

吕高钊（2010）在对不同基因型蚕豆的籽粒蛋白质含量进行综合分析时发现，在开花后 21～35 d，大粒基因型蚕豆的籽粒蛋白质积累速率快于小粒基因型蚕豆。而到了开花 42 d 以后，大粒基因型蚕豆的蛋白质含量仍然高于小粒基因型蚕豆。这些结果表明，基因型对蚕豆籽粒蛋白质含量及其积累速率具有显著影响，且大粒基因型在蛋白质积累方面具有潜在的优势。

（3）脂肪。蚕豆成熟种子中脂肪的总量相对较低，但脂肪作为重要的储存物质之一，其变化仍然值得关注。Ohm 等（2024）开展了蚕豆种子组织发育过程中时空转录组和储存化合物谱的研究，发现脂肪积累呈现出渐进的模式。在种子发育的不同阶段，三酰甘油含量显著增加，这是脂肪储存的主要形式。在胚胎组织中，三酰甘油的浓度从第一阶段开始逐渐上升，到了第三阶段，其含量相比第一阶段已经实现了翻倍。到了第四阶段，也就是接近成熟期时，三酰甘油的含量进一步增加，达到了早期阶段的 5 倍。这种显著的增长趋势表明，在蚕豆种子成熟过程中，胚胎组织正在积极地积累脂肪。而自由脂肪酸的含量在整个发育过程中相对较低，随着胚胎的发育，自由脂肪酸的含量呈现下降趋势。这种下降可能表明自由脂肪酸在合成三酰甘油的过程中被大量利用，或被整合进细胞膜，这对于细胞的结构和功能都是至关重要的。

缪亚梅（2013）等对不同基因型蚕豆脂肪含量进行了分析，发现脂肪含量差异较小，为 1.2%～1.4%。在 12 份不同基因型蚕豆品种中，脂肪含量最高的为牛踏扁和通蚕 2 号，含量均为 1.4%。

2. 营养元素积累过程　在春蚕豆的生长过程中，荚果中的氮、磷、钾和硫含量最高，而钙和镁元素在叶片中的积累量相对较高。不同器官中营养元素达到最高含量的时间差异显著。7月中旬，茎叶中的磷和钾含量达到最大值，而茎叶中的氮含量在7月底达到峰值。钙和镁含量的高峰期出现在8月中旬，叶片中的硫含量在7月底达到最大值。在7月中旬之后，茎秆和叶片中的部分元素可能被转移到其他部位。在生长后期，磷和镁元素可能从荚果向种子转移。然而，钾元素的情况比较特殊，不但荚果和种子中的含量有所减少，而且可能随着衰老叶片的脱落而流失。

对高产秋蚕豆氮、磷、钾三要素的吸收和积累情况进行研究发现，当产量达到4 800 kg/hm^{2}时，蚕豆植株的氮素积累规律表现为：苗期到分枝期，氮素积累较少；现蕾期和结荚期，氮素积累明显增加；鼓粒期至成熟期，氮素积累的速度有所减缓。特别是在结荚期至鼓粒期，氮素积累速度加快，在短短20 d内，每公顷积累的氮素达到147.8 kg，占总积累量的35.2%，比始花前100 d的积累总量还要多13.2%。现蕾前（不包括现蕾），积累的氮素占总积累量的11.3%，现蕾后占88.7%。平均每日每公顷吸收的氮素为2.4 kg。因此，保持后期蚕豆根瘤菌的活性，并在花荚期适量施用氮肥是获得高产的重要措施。

蚕豆的生长发育过程中，磷元素的积累对于实现高产至关重要。高产蚕豆在苗期至现蕾期的磷积累呈现出平缓增加的趋势，但当植株进入现蕾期后，磷的积累显著增加。特别是在结荚期至鼓粒期，磷净增加量为30.6 kg/hm^2，占总磷积累量的46%。为了确保蚕豆获得充足的磷素供应，以支持光合作用和光合产物代谢，应在结荚后及时施用速效性磷肥。如果植株在后期出现缺磷现象，可以通过在花期根外喷施0.4%磷酸二氢钾（KH_2PO_4）来提高产量，平均增产幅度为12.2%～13.2%。此外，使用磷酸二氢钾（KH_2PO_4）进行浸种，并结合初花期喷施，可以获得更高的产量提升效果。

高产蚕豆在结荚期至鼓粒期和鼓粒期至成熟期的钾素积累最快。在结荚期至鼓粒期，仅 20 d 的生长期内，每公顷净增钾素 63.15 kg，占总钾积累量的 24.8%。在鼓粒期至成熟期，每公顷净增钾素 60.15 kg，占总钾积累量的 23.5%。此外，现蕾期至结荚期的钾素需求量也较大。因此，在蚕豆生长的中后期，增施钾肥，如草木灰等，是实现高产的重要措施之一。钾肥的施用不仅可以提高蚕豆的产量，还能改善蚕豆的营养价值和品质。通过科学合理的施肥管理，可以确保蚕豆在整个生长周期内获得充足的营养元素，从而实现最佳的生长发育和产量表现。

在蚕豆的生长发育过程中，氮（N）、磷（P）、钾（K）三要素的吸收积累量存在显著差异。其中，氮素（N）吸收量最高，其次是钾素（K_2O），磷素（P_2O_5）的吸收量最低。具体而言，每生产 100 kg 蚕豆籽粒，需吸收氮素 8.73 kg、磷素 1.38 kg、钾素 5.31 kg。不同生长时期，蚕豆对这些元素的吸收比例变化显著。分枝前，氮素和钾素的吸收比例较高，为磷素的 2.3～5.5 倍。分枝后，钾素吸收比例增加，结荚期至成熟期磷素吸收比例亦有所提升。整个生长周期内，氮、磷、钾的吸收比例大约维持在 1∶0.15∶0.62。

中产蚕豆营养元素的吸收和积累数量与上述高产蚕豆的规律基本一致。据研究，产量 2 400 kg/hm^2 时，全生育期吸收的氮素约 2/3 通过根瘤菌固定；开花期是蚕豆营养元素吸收的高峰期，氮、磷、钾、钙的吸收分别占总吸收量的 48%、60%、46%、59%；苗期生长缓慢，对氮、磷的需求较少，而对钙的需求较多；生长后期，吸收速率减缓，吸收量减少（叶茵，2003）。

鉴于蚕豆在不同生长时期的营养元素吸收数量和比例受多种因素影响，如品种、产量、土壤肥力和气候条件，因此，制定科学的施肥原则至关重要。建议采用有机质做基肥，适时施用氮肥，增加磷、钾肥施用量，并重视花荚期的施肥管理。通过科学的施肥措施，可以有效提升蚕豆的产量和品质。

三、蚕豆的功能

蚕豆丰富的植物蛋白质可以延缓动脉硬化，富含的粗纤维可以降低血液中的胆固醇，常食蚕豆对抗衰防病具有良好的作用。蚕豆中所含的磷脂是神经组织的组成成分，胆碱是神经细胞传递信息不可缺少的化学物质，常食蚕豆对营养神经组织、增强记忆力有较好的食疗作用，尤其对广大青少年和脑力工作者十分有益。蚕豆有利尿、止血、补肾的功效，水肿患者宜食，与瘦猪肉、大豆、冬瓜皮和西瓜皮同煮食，消肿利尿效果更好。此外，适量食用蚕豆能补益脾胃，内服外用可治黄水疮。

（1）改善肠道健康。蚕豆中直链淀粉的比例高于其他常规淀粉。直链淀粉因其结构特点，能够促进肠道中乳酸菌和双歧杆菌等有益菌群的增殖，这有助于维持肠道微生物的平衡，而支链淀粉则更易于动物体的吸收。

蚕豆种皮中的粗纤维含量也相当可观，达到了8%～10%。纤维分为可溶性纤维和不溶性纤维两种，它们在日粮中发挥着重要作用。适量的纤维素不仅能够促进营养物质的吸收，还能够通过增加有益菌的数量和减少有害菌的数量来促进肠道健康。

膳食纤维在蚕豆中发挥着调节肠道菌群的主要作用。Gullón等（2015）进行的体外结肠发酵实验结果表明，蚕豆在发酵过程中对肠道健康的益处尤为显著。

（2）软化血管。蚕豆中的不饱和脂肪酸，包括油酸、亚油酸和亚麻酸，是人体自身无法合成的必需脂肪酸，这些脂肪酸在维护心血管健康方面扮演着重要角色。据Yoshida等（2009）的研究，蚕豆中的饱和脂肪酸（SFA）含量相对较低，不饱和脂肪酸含量较为丰富。饱和脂肪酸与胆固醇结合后，可能会在血管内壁形成沉积，增加心血管疾病的风险。不饱和脂肪酸能够降低血液中的胆固醇含量，从而有助于预防动脉粥样硬化和降低心血管疾

病的发病率。

（3）增强免疫力。蚕豆氨基酸含量与大豆相近，并且是优质的蛋白质来源。蚕豆中的蛋白质和其他营养成分能够协同作用，提升免疫系统的功能，从而提高对疾病的抵抗力。

（4）维持体液渗透压。人体是由众多功能性细胞组成的有机体，细胞间的正常信息交流是确保机体正常运作的基础。功能性细胞的正常运作受到机体渗透压的精细调控。渗透压的平衡对于细胞功能至关重要，过高或过低的渗透压都可能导致细胞功能受损，影响整个人体的健康状态。

矿质元素在维持人体渗透压和电解质平衡中发挥着至关重要的作用。它们是多种生物学过程的关键参与者，包括酶的活性调节、细胞信号传递以及代谢途径的调控。蚕豆中的钙、磷、锌、硒等矿质元素，含量在豆类中居高，这些矿质元素对于维持人体的正常生命活动和新陈代谢发挥着重要作用。

钙和磷是构成骨骼和牙齿的关键矿质元素，同时也参与细胞内信号传递和能量代谢。锌对于免疫系统的发育和功能至关重要，是许多酶的组成部分。硒作为一种抗氧化物质，能够保护细胞免受氧化损伤，维持细胞的正常功能。

（5）防治帕金森综合征和肠癌。蚕豆含有丰富的 L－DOPA，这是一种用于治疗帕金森综合征的有效成分。因此，适量食用蚕豆可以帮助摄取 L－DOPA，从而有助于缓解帕金森患者的症状。此外，蚕豆中的蛋白质成分以及蚕豆苗中的左旋多巴也被发现对脑健康具有积极作用。

在体外细胞实验和体内小鼠实验中，蚕豆中的左旋多巴显示出对帕金森病具有潜在的预防和改善作用。

蚕豆还具有改善由于蛋白质营养不良造成的记忆功能损伤的潜力，对认知健康尤为重要，可能对预防和管理与年龄相关的认知衰退和神经退行性疾病具有重要意义。

蚕豆中含有的植物凝血素蛋白质，可以附着于肠内癌细胞吸收的分子上，抑制癌细胞生长，使癌细胞正常化，从而起到抗癌防癌的作用。不过，需要注意的是，过食蚕豆可能导致消化不良，并且蚕豆宜熟食以避免食物过敏。

(6) 降血脂。 食用蚕豆的健康效益还体现在其降血脂作用。通过胃蛋白酶、糜蛋白酶和胰蛋白酶的酶解过程，可以从蚕豆中得到具有显著降血脂功效的蚕豆多肽。Martineau 等（2022）对高胆固醇模型大鼠进行动物实验，发现蚕豆多肽显示出降低大鼠血液胆固醇含量的功能，特别是在连续 5 周喂食高胆固醇饮食的大鼠中，使用 10 mg/kg 剂量的蚕豆多肽效果尤为明显，能够降低总胆固醇（TC）、低密度脂蛋白胆固醇（LDL－C）含量以及动脉粥样硬化指数（AI）。

四、蚕豆饲用营养价值及健康效益

1. 饲用蚕豆原料类型和功效 蚕豆作为一种重要的饲用植物，在动物饲料领域展现出极高的应用价值。不同类型的蚕豆原料，如鲜蚕豆碎、蚕豆粒、蚕豆粉、蚕豆荚壳以及青贮蚕豆秸秆等，已被广泛应用于动物饲料中，为不同种类的动物提供了多样化的营养选择。

鲜蚕豆碎在水产养殖领域的使用效果尤为显著，不仅能有效改善鱼肉质感，还能通过补充蛋氨酸显著提升蛋白质的利用效率。另外，罗非鱼和草鱼在食用了添加蚕豆的饲料后，肌肉硬度和咀嚼性得到了显著提升，鱼肉变得更加爽脆，且无泥腥味，大大提高了鱼肉的品质和口感。用蚕豆粒饲养家禽，能够显著提高家禽的生长性能和免疫力，同时有效降低饲养成本，改善产蛋量和蛋品营养价值，增加蛋白质和维生素含量。蚕豆粉作为一种优质蛋白质补充剂，应用在猪饲料中，能够显著提高猪的日增重和饲料转化率，同时还能改善肉质，提高瘦肉率。蚕豆荚壳在反刍动物饲养中发挥了独特的作用，既可以作为奶牛日粮的一部分，还能显著提升奶牛的

产乳量和乳蛋白含量，改善乳质。此外，青贮蚕豆秸秆在山羊饲养中的应用也取得了良好的效果，通过替代部分传统饲料，有效提升了山羊的生产性能。

尽管豆粕因其全面的营养成分在动物饲料中占据主导地位，但相对较高的成本限制了其在可持续饲料解决方案中的广泛应用。蚕豆及其副产品作为一种经济高效的替代品，不仅能够满足动物的营养需求，还兼具各种功效。这些研究成果为蚕豆在现代畜牧业中的应用开辟了广阔的前景，也为开发可持续的饲料资源提供了极具价值的参考依据。

2. 饲用蚕豆对动物的健康效益 饲用蚕豆对动物健康具有显著且多方面的促进作用。在鱼类饲养中，蚕豆富含的膳食纤维能够有效促进肠道蠕动，维持肠道菌群的平衡，从而显著改善鱼类的消化系统健康。同时，蚕豆中的可溶性纤维还能有效降低鱼类血清胆固醇水平。

在家禽饲养方面，肉鸡通过摄入蚕豆中的抗氧化成分，如维生素 E 和多酚类化合物，能够有效清除自由基，减少氧化应激，显著提高免疫力，增强抗氧化能力和抗病能力，明显降低疾病发生率。另外，给肉鸡饲喂以蚕豆为主要蛋白来源基础的日粮，能显著降低肉鸡的血清胆固醇水平。

在家畜饲养方面，蚕豆中的膳食纤维有助于维持反刍动物的消化系统健康，促进瘤胃微生物的生长和发酵，有效减少胃肠道疾病的发生。另外，在猪饲料中添加蚕豆，蚕豆中的优质蛋白质和必需氨基酸能够满足猪的生长需要，促进肌肉生长和发育；在生产母猪日粮中适量添加蚕豆秸秆，能够有效提高产乳量和乳质，进而提升母猪的繁殖性能，增加仔猪的成活率和生长速度。

综合来看，蚕豆及其副产品在动物饲养中的多元化应用，不仅显著提升了动物产品的品质，还有效促进了动物健康和生产效率，全面展现了其在未来畜牧业中的巨大潜力。

五、常见加工方式对蚕豆营养价值及健康效益的影响

蚕豆的常见加工方式包括烘焙、微波处理、蒸煮、高压蒸汽处理、干燥等，蚕豆的营养价值和健康效益可能会因加工方式的不同而有所变化。其中，烘焙处理作为蚕豆热加工的一种常见方式，对蚕豆中的抗氧化成分和功能有显著影响。在 120 min 的烘焙过程中，蚕豆的总酚、总黄酮和原花青素含量分别降低了 42%、42% 和 30%，其 DPPH 清除能力、总抗氧化能力和铁还原抗氧化能力也分别降低了 48%、15%和 8%。然而，值得注意的是，在 150 ℃下持续烘焙 60 min 会产生新的酚类化合物，并可能增加抗氧化能力，这为烘焙蚕豆提供了新的视角。

微波处理是另一种影响蚕豆营养成分的方法。微波处理后，蚕豆的植酸含量有所增加，而胰蛋白酶抑制活性和单宁含量则有所降低。这种处理方式还能诱导蚕豆发芽，进而提高左旋多巴和酚类物质的含量及抗氧化能力，为治疗帕金森病提供了潜在的应用。

蒸煮和高压处理是蚕豆最常用的烹制方式。经过蒸煮（100 ℃，40 min）的蚕豆，其总酚、总黄酮含量和抗氧化活性均显著降低。但是，与高压蒸汽处理相比，蒸煮处理可以更好地保留蚕豆中的活性化合物。

热风干燥、日晒干燥和冷冻干燥是常见的干燥技术。其中，热风干燥的蚕豆蛋白质含量较高，日晒干燥的蚕豆可溶性糖含量较高，冷冻干燥可用于蚕豆淀粉的保存。热风干燥和冷冻干燥能够显著促进蚕豆中醇类和醛类挥发性有机化合物的产生，而日晒干燥则更有效地保留了蚕豆中的酯类。在生物活性物质方面，冷冻干燥蚕豆的总酚含量较高，抗氧化能力较强，从而使冷冻干燥成为一种有前途的蚕豆加工及保鲜方式。

发酵是改善蚕豆营养品质的重要途径。在发酵过程中，虽然蛋白质和可溶性淀粉含量没有显著变化，但总膳食纤维和脂肪含量分别降

低了 4.3%和 40%。乳酸菌发酵显著降低了蚕豆中的一些抗营养因子，如单宁、胰蛋白酶抑制剂和嘧啶葡糖苷等，同时提高了必需氨基酸和 α-氨基丁酸的水平，这有助于提升蚕豆的营养价值和消化率。

发芽是另一种传统的蚕豆加工方法，它对蚕豆的营养成分有显著影响。发芽过程中，淀粉含量降低了 15%，植酸盐和 α-半乳糖苷的含量分别降低了 45%和 94%。蛋白质和氨基酸含量在发芽过程中升高，第 9 天时蛋白质和氨基酸含量达到最大值，自由基清除能力也达到最强，这表明发芽是提高蚕豆营养价值的有效方法。

综合来看，不同加工方式对蚕豆的营养价值和健康效益有不同的影响。选择合适的加工方式不仅能够保留或增强蚕豆的营养成分，还能改善其抗营养因子，为消费者提供更健康、更营养的食品选择。

六、蚕豆的品质评价研究

1. 粮用蚕豆的品质评价 粮用蚕豆的质量评价是一个综合性标准，包括多个关键指标，确保蚕豆满足食品安全和营养需求。表 2-2 为粮用蚕豆质量要求，通过纯粮率、杂质含量、水分含量、色泽与气味区分不同等级的蚕豆。

纯粮率反映了蚕豆中可食用部分的比例，一等蚕豆的纯粮率需≥98%，二等需≥95%，三等需≥92%。这一指标对于确保蚕豆的经济价值和食用价值至关重要。杂质是蚕豆以外的其他物质，其含量是另一个关键的质量指标。一等蚕豆的杂质总量应控制在 1.0%以下，无机杂质（泥土、沙石、砖瓦块及其他无机物质）则应不超过 0.5%。这有助于保证蚕豆的纯净度和食用安全性。

水分含量对蚕豆的储存和加工具有显著影响。过高的水分可能导致蚕豆霉变或变质。蚕豆的水分含量应不超过 14.0%，以确保其在储存过程中的稳定性。色泽和气味是评价蚕豆感官品质的重要指标。一等蚕豆应色泽鲜艳，无异味，这要求的是其新鲜度和优良的感官特性。二等蚕豆的色泽可能较暗，但仍需保持无异味。三等蚕豆的色泽可能较为陈旧，但同样要求无异味，以确保其基本的食用品质。

等外等级是指不符合上述任何等级要求的蚕豆，通常是因为纯粮率低于92%或存在其他质量问题。这类蚕豆可能不适合作为食品或饲料使用，需要特别处理或降级使用。通过这些细致的质量要求，可以确保粮用蚕豆的品质得到有效控制，满足不同消费者的需求，并保障其在市场上的竞争力。

表 2-2　粮用蚕豆质量要求

等级	纯粮率（%）	杂质（%）		水分（%）	色泽、气味
		总量	其中：无机杂质		
一	≥98.0	≤1.0	≤0.5	≤14.0	色泽鲜艳、无异味
二	≥95.0				色泽较暗、无异味
三	≥92.0				色泽陈旧、无异味
等外	<92.0				—

注：引自 GB/T 10459—2008《蚕豆》。

2. 饲用蚕豆的品质评价　饲用蚕豆的质量等级反映了其营养成分的丰富程度和适宜的饲料用途。高等级的饲用蚕豆因其高蛋白和低纤维、低灰分，通常更适合作为动物饲料的主要成分，尤其是对于生长速度快、蛋白质需求高的动物。随着等级的降低，蚕豆的营养成分相对减少，可能需要与其他饲料原料配合使用，以满足动物的营养需求。

具体来说（表 2-3），一级蚕豆的粗蛋白含量必须≥25.0%，可为动物提供丰富的蛋白质来源。同时，一级蚕豆的粗纤维含量应控制在 9.0%以下，粗灰分含量则应低于 3.5%，这两个指标的低含量有助于提高饲料的整体消化率和营养价值。

二级饲用蚕豆的质量标准相对一级略有降低，但仍保持较高的营养价值。二级蚕豆的粗蛋白含量≥23.0%，虽然略低于一级，但仍然能够满足大多数动物对蛋白质的需要。粗纤维含量上限提高到10.0%，而粗灰分含量与一级相同，也低于3.5%，确保了饲料的消化性和营养均衡。

三级饲用蚕豆的质量标准在3个等级中是最低的，适用于对蛋白质需要不是特别高的动物或作为饲料的辅助成分。三级蚕豆的粗蛋白含量≥21.0%，粗纤维含量的上限提高到11.0%，粗灰分含量的上限提高到4.5%。尽管质量等级较低，三级蚕豆仍然是动物饲料中的一个重要组成部分，尤其是在饲料成本控制时和多样化饲料配方配制时。

在实际应用中，选择适合的饲用蚕豆等级应基于动物的种类、生长阶段以及营养需要。高等级的蚕豆因其优秀的营养成分，更适合作为高需要动物的主食料。低等级的蚕豆可以作为饲料配方的一部分，与其他原料搭配使用，以实现成本效益和营养平衡。定期对蚕豆的质量进行检测，确保其符合既定标准，是保障动物饲料安全和营养价值的重要环节。

表2-3 饲用蚕豆质量要求

项目	一级	二级	三级
粗蛋白（%）	≥25.0	≥23.0	≥21.0
粗纤维（%）	<9.0	<10.0	<11.0
粗灰分（%）	<3.5	<3.5	<4.5

注：引自NY/T 138—1989《饲料用蚕豆》。

3. 鲜食蚕豆的品质评价 目前我国尚未形成一套明确统一的优质鲜食蚕豆标准，但是通过相关从业人员的观察和经验，一些关键的品质特性已被提出，用以指导蚕豆品质评价。

优质鲜食蚕豆首先应具备粒大质优的特点。籽粒的大小是衡量蚕豆商品价值的重要指标之一，籽粒越大，其市场价值通常越高。

口感是鲜食蚕豆品质的另一个关键指标，它与蚕豆的化学成分密切相关。云南省的研究表明，优质的鲜食蚕豆应具备大粒大荚、低单宁和高糖分的特点。低单宁有助于减少蚕豆的涩味，而高糖分则能提升其甜味，二者共同作用有助于改善蚕豆的口感。昆明市农业技术推广站进一步提出了具体的品质指标，包括大荚、大粒，鲜荚长度超过 9 cm，鲜籽粒百粒重超过 200 g。此外，还要求可溶性糖含量超过 100 mg/g，蛋白质含量超过 100 mg/g，且单宁含量极低或无。

江苏沿江地区农业科学研究所基于长期的实践经验，提出了更为细致的品质标准。这些标准包括：单荚平均粒数超过 2.0 粒，鲜籽粒百粒重超过 250 g，鲜荚百荚重超过 400 g，还强调了单宁含量应很低等。

综合上述各研究和实践的成果，优质鲜食蚕豆的品质标准可以归纳为高产（鲜荚产量超过 12 000 kg/hm^2，鲜籽粒产量超过 3 750 kg/hm^2）、荚大（荚长超过 9 cm，荚宽超过1.2 cm）、单荚粒数多（超过 1.6 粒）、粒大（鲜籽粒百粒重超过 200 g，粒长超过 2.2 cm，粒宽超过 1.5 cm），以及籽粒糖分和总蛋白含量均高于 100 mg/g（以鲜重计），单宁含量低于 0.7 mg/g（以鲜重计）。

这些品质标准的提出，不仅有助于指导蚕豆种植者优化生产过程，提高产品品质，也有助于消费者识别和选择高品质的鲜食蚕豆，满足市场对健康、美味食品的需求。随着农业科技的发展和市场需求的变化，鲜食蚕豆的品质标准将不断完善，以适应行业发展的需要。

第二节　地方品种利用及引种驯化

一、地方品种利用

地方品种，亦称为农家品种、地区性品种，是在当地自然或栽培条件下经长期自然或人为选择形成的品种，具有适应性广、抗逆

性强的特点，是系统育种的原始材料。蚕豆作为常异花授粉作物，其生理、生态特性多种多样，遗传基因类型复杂，存在品种混杂的现象。只有广泛地搜集、整理、鉴定和评价，才能发掘出适合生产的蚕豆良种。

目前，通过地方品种选育出的蚕豆品种：湟源县种子站和湟源县农业技术推广中心以湟源地方特色品种为基础材料选育的马牙，莆田市农业科学研究所从莆田优良蚕豆地方品种沁后本中选育的沁后本1号，江苏沿江地区农业科学研究所与海门市种子管理站以江苏地方品种为基础材料选育的海门大青皮，江苏沿江地区农业科学研究所以地方品种海门大白皮为基础材料选育的通鲜1号。这些优良的蚕豆地方品种为育种工作者提供了宝贵的材料，在蚕豆新品种选育中发挥着重要作用。

二、引种驯化

引种是将某一物种从原产地引入其他地区或国家进行栽培或驯化的过程，旨在丰富种质资源，为进一步良种化提供有利条件。引种应遵循“积极、慎重”的原则，有计划、有组织地进行，并考虑引种的可行性、市场需求和经济收益。同时，应遵守植物检疫规定，通过引种驯化试验，评估其生态和生物学特性，以筛选适应新环境的优良品种。

自20世纪60年代起，中国育种专家通过引种成功培育出多个蚕豆品种。例如，青海省农林科学院从日本引进改良的陵西一寸；大理白族自治州农业科学推广研究院以加拿大豆和法国豆作为父本，分别育成凤豆15和凤豆16；江苏沿江地区农业科学研究所以日本大白皮为父本育成通蚕鲜6号；楚雄彝族自治州农业科学院以伊朗蚕豆（YL-03）为父本育成彝豆4号。这些国外种质资源为我国蚕豆新品种选育提供了新的亲本材料，促进了蚕豆产业的高质量发展。

第三节　育种技术

中国蚕豆育种工作始于 20 世纪 50 年代，高产、优质是现阶段育种的重要目标。当前，蚕豆育种技术仍以传统育种方法——杂交育种为主，其次为优良变异单株选育、系统育种等，组织培养育种、诱变育种、分子标记辅助育种等方法应用较少。现阶段应加快蚕豆诱变育种、基因工程育种、分子标记辅助育种等育种方法的研究，以缩短育种年限，加快育种进程。

一、杂交育种

杂交育种是指通过人工杂交手段，把分散在不同亲本上的优良性状组合到杂种中，对其后代进行多代选择培育，以获得有栽培利用价值、遗传相对稳定的新品种的育种途径。蚕豆作为重要的农作物，通过杂交育种可以有效提升其产量、品质和抗性。

1. 单交　在蚕豆杂交育种中，单交是常用的方法。例如，青海省农林科学院等单位以马牙为母本、以 Flip88－243FB 为父本进行有性杂交，选育出干籽粒型蚕豆品种青蚕 16；楚雄彝族自治州农业科学研究推广所以凤豆 1 号为母本、以天杂 30 为父本进行杂交后经系谱法选育出高产、优质、高抗锈病的干籽粒型蚕豆品种彝豆 1 号；大理白族自治州农业科学推广研究院以 8911－3 为母本、以法国豆为父本进行地理远缘杂交，经系谱法选育出株型好、抗锈病、抗赤斑病、中抗褐斑病、品质优、丰产稳产、籽粒商品性好、适应性广、成熟时不落叶的优质蚕豆品种凤豆 16；云南省农业科学院粮食作物研究所以 89147 为母本、以 9829 为父本进行杂交选育出中熟、大粒型蚕豆品种云豆 459；江苏沿江地区农业科学研究所以 97035 为母本、以 Ja－7 为父本进行杂交创制出秋播大粒蚕豆品种通蚕鲜 8 号；云南省农业科学院以彝豆 1 号为母本、以 2011－

2999 为父本进行杂交选育出粮菜兼用型蚕豆品种云豆 1512；丽水市农林科学研究院以陵西一寸为母本、以 Fall－8 为父本进行杂交选育出秋播大粒鲜食型蚕豆品种丽蚕 1 号。

2. 添加杂交　多个亲本逐个参与杂交的方式称添加杂交。每杂交一次，加入一个不同亲本的性状。为缩短育种年限，一般添加杂交以三四个亲本为宜。例如，青海省农林科学院以青海 3 号×马牙为母本、以 74－45×英国 176 为父本进行有性杂交选育出青海 12；云南省农业科学院以 83324 为母本、以 89147×K1266 为父本进行有性杂交选育出干籽粒型蚕豆品种云豆 112；重庆市农业科学院以通蚕鲜 8 号为母本，以 9913－2－1－2×6834－5－6 为父本进行有性杂交选育出全球首个赏食两用蚕豆品种豆美 1 号，花形与蝴蝶兰相似，花期最长可达 60 d，在保障粮食安全的同时促进了农业现代化和乡村振兴。

3. 回交　回交是指两个品种杂交后，子一代再和双亲之一重复杂交，多用于转育某一性状或改良某一推广品种的个别缺点。如江苏沿江地区农业科学研究所通过对传统育种方法的改良，将早世代选择和改良回交育种相结合选育出的通蚕鲜 7 号，是以（93009/97021）F_2//97021 回交选育的。93009（通蚕 3 号）为江苏沿江地区农业科学研究所选育的优质高产粮菜兼用蚕豆品种，产量高、抗病性和抗倒伏性强，百粒重 140 g 左右，粒重相对较小；97021 为江苏沿江地区农业科学研究所选育的优质大粒鲜食蚕豆品系，大荚大粒，百粒重 210 g 左右，但耐寒性、抗病性差；采用回交方式获得的通蚕鲜 7 号具有大荚大粒、产量高、品质优、抗逆性强、耐寒性好、中抗赤斑病和锈病等优良性状。

杂交作为一项重要的遗传改良技术，可以有效提高作物的产量和品质，进而促进农业生产的发展。由于蚕豆的结实率较低，因此杂交育种过程中需要进行更多的杂交操作以获得足够的种子。然而，采用镊子拨开旗瓣、翼瓣和龙骨瓣，再将十枚花药逐一取出，在雌蕊柱头上涂抹花粉后用网罩隔离的传统杂交育种方法效率较低，并且容易造成去雄不彻底、易伤母本柱头等后果。在此背景下，顾文祥等（1985）率先进行蚕豆杂交技术研究，根据蚕豆花器植物学特征研究出的花瓣一次拔除去雄法可不损伤柱头、去雄彻底、无须隔离，效率提高了2～3倍；张继君等（2011）通过实践，发展了两种新的杂交育种方法，工作效率较传统方法提升超过2倍，杂交成功率也提高了约1倍。

顾文祥等的方法具体操作：①去雄，在日出至日落之间，选定杂交花，用镊子夹住杂交花的背线下方2～3 mm处，将花瓣轻轻夹住并全部拔出；②授粉，当天授粉或隔天授粉，授粉时间控制在12:00～16:00；选择即将散粉或刚刚散粉的父本花；将刚散粉的花粉粒用镊子夹出，并轻轻地涂抹于母本花外露柱头上；③套标签；④整枝。

张继君等的方法具体操作：①去雄，选定适宜的花（花长1.6～2.0 cm），从旗瓣呈半圆弧形的一侧用镊子夹住旗瓣顶端和旗瓣与花萼的连接处，镊子与花背线的夹角为30°，然后将花瓣轻轻夹住并全部拔出，拔出时用力的方向与蚕豆花生长的方向一致，去雄结束；②授粉，去雄后当天授粉或隔天授粉，授粉时间控制在12:00～16:00，授粉的温度控制在16～25 ℃；选择即将散粉或刚刚散粉的花，将花粉粒取出并放入洁净的培养皿内，若室外温度低于15 ℃，父本花的花粉粒不散粉，则采用暖水袋加热的方法现场对装有花粉粒的培养皿加热，暖水袋的温度为35～40 ℃，加热时间控制在4.5～5.5 min，直至具有活力的花粉粒裂开并散出花粉；然后将刚刚散粉的花粉粒用镊子夹出，轻轻地涂抹于母本花外露柱头上，授粉结束；③套标签，在授粉后的杂交花的下一节位套上标签，标签上写明父本和母本；④整枝，套标签后，去除做过杂交的分枝上杂交以外的所有花朵，同时去除该分枝的茎尖生长点。

二、系统育种

系统育种是指利用天然变异的有效方法，通过系统性地选配和筛选，从而获得具有理想性状新品种的育种方法。该育种方法具有以下几个优势：第一，针对性强、效率高，能更快地筛选出理想性状，降低繁殖过程中的不确定性；第二，系统育种能更好地适应不断变化的环境及市场需求，减少繁育中的资金和资源浪费；第三，系统育种的实质是优中选优，可以加快品种改良的速度，提高育种的成功率。

系统选育在蚕豆育种中是一种简单而有效的育种方法，从大田选株至新品种育成一般需要六七年，其育种程序如下：大田选株→株行试验→品系比较试验→区域试验、生产试验→品种登记后大田推广。近年来，通过系统育种法选育的蚕豆品种：青海省农林科学院等单位以意大利蚕豆资源 3290 为基础材料育成的干籽粒型蚕豆品种青蚕 18；浙江省农业科学院以平湖大青皮为基础材料选育而成的鲜食蚕豆品种浙蚕 1 号；丽水市农林科学研究院以陵西一寸为基础材料选育而成的中熟菜用蚕豆品种丽蚕 3 号；云南省农业科学院以 H0230 为基础材料选育而成的中熟、大粒型蚕豆品种云豆 06；莆田市农业科学研究所以莆田优良蚕豆地方品种沁后本为基础材料选育而成的蚕豆品种沁后本 1 号；江苏省农业科学院等单位以日本引进品种日本青中为基础材料选育而成的蚕豆品种海青 1 号。由此可见，系统育种法在蚕豆育种中一直发挥着重要作用。

三、组织培养

广义的植物组织培养是指在无菌和人工控制的环境条件下，利用适当的培养基，对离体的植物器官、组织或细胞进行离体培养，使其再生细胞或生长、分化成完整植株的技术。植物组织培养是植物生物技术的基本研究手段，在生物学科的各个领域发挥着重要作用。将植物组织培养技术应用于蚕豆的快速繁殖，对保护蚕豆种质资源及基因工程育种等具有重要意义。

20 世纪 80 年代初，蚕豆的组织培养技术得到了快速发展。黄德俐等使用秋蚕豆品种三白豆和田鸡青的下胚轴、子叶和去子叶胚作为外植体，成功培养出愈伤组织和绿苗。研究发现，改良的 MS 培养基添加 2 mg/L 2,4-D 对诱导蚕豆产生愈伤组织效果较佳，且培养成功与否与品种关系不大。徐正华等（1989）利用成胡 10 号蚕豆的上胚轴或下胚轴作为外植体，在 MS 基础培养基上添加不同植物生长调节剂，成功培养出蚕豆绿苗，这在国内外尚属首次。2003—2010 年，刘洋等系统研究了蚕豆组织培养快繁技术，确定了最适合芽增殖的培养基和外植体，并将组织培养技术与单倍体育种技术相结合，有效缩短了蚕豆育种周期。刘素英等（2010）研究了外植体类型、培养基配方、基因型和放置方式对蚕豆不定芽诱导和植株再生的影响，建立了一套蚕豆器官发生再生植株的试验程序，为后续研究提供了实验基础。

国外蚕豆组织培养研究多集中在 20 世纪 70～90 年代，以蚕豆子叶节、茎尖等不同部位器官作为外植体，对芽分化、芽增殖进行了研究，认为茎尖、上胚轴、子叶节作为外植体，在适宜的培养条件下诱芽和生根的效果较好（Fakhrai et al.，1989；Selva et al.，1989；Khalafalla and Hattori，1999；Aly and Hattori，2007；Abdelwahd et al.，2008）。在诱导蚕豆多芽的培养基研究中，Murashige和 Skoog（MS）培养基是迄今为止使用最多的基础培养基。此外，有研究认为，在培养基中加入活性炭可诱导根的形成，为根际提供良好的环境，并促进根系生长（Selva et al.，1989）。

四、诱变育种

诱变育种又称引变育种或突变育种，是近代育种中具有广阔发展前景的新途径，具有提高突变频率、有效改良品种个别性状、促进基因重组等优点。辐射诱变育种是指用电离辐射照射生物，引起生物遗传物质的变异，通过选择和培育创造优良新品种的育种途径。当前蚕豆上常用的辐射诱变射线有γ射线、中子等。

种子是有性繁殖植物辐射育种使用最普遍的照射材料。射线处理种子具有处理量大、操作简单、便于运输等优点。自 1980 年以来，蚕豆辐射诱变育种研究取得了显著进展。杨忠等（1994）采用不同剂量的^{60}Co辐射大粒、中粒、小粒型蚕豆地方品种，发现钴剂量增加与种子出苗率呈显著负相关，低剂量处理的幼苗形态变异不大，高剂量处理出苗率降低，幼苗的茎叶出现畸形，植株矮缩，叶面上出现水渍状花纹，叶色呈镶嵌灰白状，幼苗至 5～6 叶期，有的植株萎缩死亡，有的植株会逐渐恢复正常长势，但植株茎叶细弱，分枝减少，单株生产力降低，难以选择到优良变异材料，因此选择剂量、处理方法及时间都有待进一步试验研究。王桂贞（1995）认为^{60}Co γ射线辐射蚕豆干种子的半致死剂量为 140 Gy，致死剂量为 250 Gy。何莉等（2007）采用^{60}Co γ射线不同剂量研究蚕豆 M_1 代的诱变效应，结果表明，辐射对蚕豆 M_1 代的生育进程有延后作用，并随吸收剂量的增加而延长，变异度也逐渐增大；^{60}Co γ射线对蚕豆 M_1 代的光合生理也有明显影响，叶绿素含量随吸收剂量的增加而逐渐增大；在始花期测得叶片光合速率的日变化规律各有不同，110 Gy 处理的最高峰出现在 12:00；120 Gy、130 Gy 处理和对照的光合速率变化规律相同，最高峰出现在 14:00；140 Gy 处理的光合速率的变化出现双高峰，分别在 8:00 和 14:00；就 M_1 代植株存活率看，^{60}Co γ射线辐射蚕豆干种子的半致死剂量大约为 130 Gy。

辐射花粉的最大优点是很少产生嵌合体，经辐射的花粉一旦发生突变，与卵细胞或精细胞结合所产生的植株即是异质结合体。王候聪等（1997）研究认为，蚕豆熟期、株高等性状与产量性状密切相关，受多基因调控，用小剂量辐射蚕豆成熟花粉是提高这些性状有益突变的有效途径。

五、分子标记辅助育种

生物技术的发展为植物遗传育种研究提供了新的手段。分子标记作为一种基本的遗传分析手段，是继形态标记、细胞标记和生化标记后发展起来的新的遗传标记。传统的选择方法易受环境等自然因素的影响，成败往往取决于育种者的经验，而应用分子标记可以在早代对目标性状进行准确选择，加速育种进程的同时聚合多个有利基因，提高育种效率，显著减轻回交育种进程中普遍存在的连锁累赘现象，利于优良基因的有效导入（Singh et al.，2016）。因此，分子标记辅助育种具有传统育种方法不可比拟的优势。当前，在蚕豆上常用的分子标记主要有 KASP（竞争性等位基因特异性聚合酶链式反应，kompetitive allele - specific PCR）标记、SNP（单核苷酸多态性，single nucleotide polymorphism）标记、SSR（简单重复序列，simple sequence repeats）标记、AFLP（扩增片段长度多态性，amplified fragment length polymorphism）标记等。

蚕豆传统育种以系统育种和杂交育种为主，而利用分子标记辅助育种可以从 DNA 水平对目标性状的基因型进行选择，提高育种效率。Ali 等（2016）首次对 189 个德国冬蚕豆品系进行了全基因组关联分析，利用 SNP 标记和 AFLP 标记对蚕豆的耐旱和抗冻性进行了关联分析，研究结果为选育耐旱抗冻性蚕豆新品种奠定了基础。田莹莹（2018）利用蚕豆品种云 122 和 TF42 作为亲本杂交形成的 F_2 群体构建遗传连锁图谱，共检测到 13 个与粒型性状相关的 QTL，包括与籽粒长度相关的 QTL *qGL1* 和 *qGL2*，位于 group2 连锁群上；与籽粒厚度相关的 QTL *qGT1* 至 *qGT10*，位于 group2 和 group3 连锁群上；与籽粒重相关的 QTL *qGWt*，位于连锁群 group2 上。该研究结果为籽粒性状的遗传改良提供了基础。刘玉

玲等（2022a）为寻找与蚕豆淀粉含量紧密连锁的分子标记，利用具有显著多态性的132对SSR标记对260份蚕豆材料进行遗传多样性分析与群体遗传结构分析，共检测到8个相同的标记与总淀粉、直链淀粉和支链淀粉含量极显著关联。同年，刘玉玲等（2022b），以321份蚕豆种质资源为供试材料，利用具有显著多态性的76对SSR标记进行基因分型，对初荚节位高度、初荚节位、成荚节数等17个农艺性状进行关联分析，共发掘出7个分别对成荚节数、单荚粒数、有效荚数、有效籽粒数、株高、籽粒厚度、籽粒长度和籽粒周长等增效潜力最大的优异等位变异，并筛选出7份优良种质资源，为蚕豆分子标记辅助育种以及亲本材料选配奠定了理论基础。辛佳佳等（2022）利用蚕豆的22个主要农艺性状和8个SSR标记对收集到的57份江西省蚕豆种质资源进行遗传多样性分析，筛选出4份产量高、抗性强、高钙高蛋白的优异蚕豆种质资源。

分子标记技术始于20世纪80年代末，但直到接近21世纪才开发出更方便使用的标记类型，如SSR。由于蚕豆基因组有130亿bp，是人类基因组的4倍多，首个高质量基因组于2023年3月发布，因而分子标记辅助育种技术在蚕豆上仍处于发展阶段，面临着育种材料可用分子标记少、多态性较低等问题，笔者认为随着蚕豆基因组数据的不断充实，分子标记将迎来新的一波发展浪潮。

第四节　栽培技术研究

蚕豆栽培技术研究于20世纪90年代开始快速发展。在中国不同区域的不同气候条件下，各地研究者及种植户结合本地实际，形成具有各地特色的栽培技术，大体分为春种秋收和秋种春收两种栽培方式。

一、品种选择

1. 育成品种概况　蚕豆是粮食作物，又是具有蔬菜、饲草、绿肥及观赏价值的经济作物，具有养人、养畜、养地作用，不同作用的蚕豆其生物学性状有所差异，如粮用型蚕豆要求富含淀粉等内含物以及结荚率高、荚粒多；鲜食菜用型蚕豆要求大荚大粒、口感好、高蛋白、低单宁；鲜食饲草兼用型蚕豆要求高蛋白、高赖氨酸、低粗纤维；鲜食绿肥兼用型蚕豆则要求高蛋白、高维生素、高糖类、高膳食纤维、低脂肪、高秸秆利用率。

国内蚕豆品种主要分为地方种质资源、本土育成品种和国外引进品种 3 类。蚕豆地方种质资源比较丰富，为各地育成系列新品种提供了重要的种质资源，其中包括一些栽培历史悠久、占有独特地方优势并一直沿用至今的品种，有些还成为重要出口商品，如海门大青皮、如皋牛踏扁、海门大白皮、崇礼蚕豆、慈溪大白蚕、上虞田鸡青、昆明白皮豆、云南大庄豆、青海湟源马牙、谷城黄白小子、玉溪大粒豆、西昌大白豆、临夏马牙、胜利蚕豆、大板马牙、祥云豆、府谷蚕豆、青衣豆、襄阳大脚板等。这些地方种质或有明显的优点，如对当地适应性强、抗逆性强、口感好等；或有明显的缺点，如整齐度差、生育期长、产量平平等；或有独有的特征，如农艺性状（株型、叶形、花形、花色等）有特色、籽粒品质优等（高蛋白、低单宁）。地方种质表现出丰富的遗传多样性，是蚕豆种质资源基因库的重要组成部分，是蚕豆育种的重要材料。当前地方种质面临多混杂、易退化的问题，造成典型性缺失、品种纯度下降、品质变劣、抗逆性下降和产量降低等，迫切需要加快地方种质的整理、提纯、保护、保存工作。

本土育成的品种多为区域性系列，充分发挥了各主产区的地方特色优势，已经成为国内各地主栽系列品种。如甘肃临蚕系列品种，四川成胡系列和凉胡系列品种，重庆渝蚕系列品种，青海系列

和青蚕系列品种，云南云豆系列、凤豆系列、玉豆系列品种，江苏苏蚕豆系列、通蚕系列、启豆系列品种，浙江浙蚕系列、丽蚕系列、慈蚕系列品种等。这些区域性品种占比高，具有相似的特征和较高的农艺性状一致性。与原始的地方种质相比，这些品种的商品性和产量都有显著提升，是当前农业生产的首选品种。

除本土育成的优良品种外，也有一些国外引进种植的优质鲜食蚕豆品种，如日本大白皮、陵西一寸、日本时蚕、河内一寸等。其中，日本大白皮是由江苏沿江地区农业科学研究所从日本引进并经系选的鲜食型蚕豆品种，具有大粒、优质、高产、商品性好的优点，适合在江苏、浙江、上海、福建、广西、重庆种植。陵西一寸是福建省农业科学院从日本引进的鲜食型蚕豆品种，具有大荚大粒、高产、优质等特点，是浙江、福建等地冬季蚕豆主栽品种之一。福建省农业科学院和青海省农林科学院引种试验表明，陵西一寸适合福建、青海海拔 2 300～2 600 m 地区及中国春蚕豆产区种植。此外，中国热带农业科学院热带作物品种资源研究所引进的日本时蚕和上海市崇明蔬菜技术推广站引进的河内一寸也因粒大、质优、高产而受到欢迎。

2. 适合不同需求的品种选择　粒用蚕豆主要作为加工原料，主产区集中在青海、甘肃、河北、山西等地，品种特征为早熟，大、中、小粒，亚有限（矮秆），抗病；鲜食蚕豆主要用于鲜食，近年来发展迅速，从最初的浙江、福建等地扩展到全国，目前主要集中分布于上海、浙江、福建、江苏、云南、安徽等地，以大粒、高产、适口性好、抗病性好、高蛋白、低单宁的品种为主导。饲草蚕豆则以早熟、抗病、特小粒、鲜草或干草生物量超高的品种为主。

(1) 鲜食菜用冬播种植品种。在南方的江苏、浙江、福建、安徽、四川等地区，蚕豆通常在 10 月播种，品种主要特点是大荚大粒、鲜籽粒百粒重高、单宁含量低、口感好。近 10 年来，随着市场对鲜食蚕豆需求的增加，育种单位加强了对菜用鲜食蚕豆品种的选育，推出了更多适合冬季播种的品种。这些新品种不仅丰富了地方的种植选择，还形成了具有区域特色的系列，包括通蚕 6 号、苏蚕 2 号、浙蚕 1 号、丽蚕 3 号、临蚕 14、成胡 10 号、凉胡 6 号、青蚕 27、云豆早 16、凤豆 23、玉豆 3 号、玉豆 4 号等，以及国外引进的陵西一寸等。这些品种已成为当地鲜食蚕豆的主要种植品种。

（2）鲜食菜用春季种植品种。春蚕豆是甘肃、青海、云南等高寒阴湿地区的特色作物，一般于 3 月下旬或 4 月上旬播种，高海拔区域适期晚播，7～8 月采收上市。应选择抗病性强、品质优良、丰产性好、商品性好的蚕豆品种，如青海 12、青海 13、青蚕 14、临夏 5 号、临夏 11、临夏大蚕豆、冀蚕张 2 号、拉萨 1 号、丽蚕 3 号、陵西一寸等。

（3）粮菜兼用型品种。粮菜兼用型品种要求籽粒大、高蛋白、高产优质，同时要求口感好，目前粮菜兼用型蚕豆种植区域以青海、甘肃等地为主，适栽品种主要有青海 12、青海 14、临蚕 13、临蚕 16、戴韦、凤豆 8 号等。

（4）鲜食与绿肥兼用品种。鲜食与绿肥兼用型蚕豆是随着农业产业结构调整及农业供给侧结构性改革出现的蚕豆品种新类型，尤其适合我国南方地区发展。其新鲜茎叶的营养成分含量也较高，N 含量约 55%，P_2O_5 含量约 13%，K_2O 含量约 0.45%，即 1 000 kg 蚕豆鲜秆的含 N 量相当于 100 kg 的花生饼，加上自然落叶，以及荚壳和根茬，因此作为绿肥有较高的还田量。适栽品种主要有江苏沿江地区农业科学研究所培育的鲜食绿肥两用蚕豆品种通蚕鲜 7 号和通蚕鲜 8 号，以及云南省玉溪市农业科学院选育的中熟、中荚、中粒型优质蚕豆品种玉豆 4 号和玉豆 3 号。

（5）饲用型品种。选择易于消化、口感好、蛋白质含量高的蚕豆品种至关重要。只要掌握好采收时间，大多数蚕豆品种都适合作

为饲料使用。另外，选择蚕豆品种时，应优先考虑籽粒中抗营养因子含量低，特别是不含蚕豆嘧啶糖苷和巢菜碱苷的品种。

二、种植地块

蚕豆是一种对土壤要求较高的作物，合理选择种植地块和进行适当的土壤翻耕处理对蚕豆的生长和产量至关重要，蚕豆对积水和湿润的土壤不耐受，应避免低洼、积水的地块，3 年内未种植蚕豆或与水稻轮作的地块最佳。按照上市时间确定地块，如浙江丽水地区为确保在 4 月 20 日前能采收上市，种植鲜食菜用蚕豆海拔应选择在 200 m 以下。生产中需要机械化翻耕整地的地块宜选择交通便利、地势平坦、土质肥沃、土层深厚、pH 6.0～8.0、水分充足，且排水良好的田块。

蚕豆不同种植套种模式对地块选择也不一样，如海南选择苗期槟榔地套种蚕豆时，要求槟榔株高低于 2 m。苗期槟榔套种蚕豆比成年期（株高 10 m 及以上）槟榔套种蚕豆的光照充足，蚕豆长势明显较好，但收获期较短；槟榔成年期套种蚕豆，光照弱，小环境气温低，影响蚕豆生长，但收获期较长，蚕豆品相普遍较高，成熟后可保存 5～10 d 不变黑，有利于延长采收季节。

三、种子处理

1. 辐射处理 通过一定的磁场强度处理可以提高种子活力。龚慧明（2007）研究表明，蚕豆种子经磁场处理后能明显提高种子活力，而且能降低种子浸出液电导率，电导率降低有利于细胞膜的修复；在 5 个磁场强度中以 600 mT、800 mT 处理的效果最佳，磁场处理能提高酶的活性，这可能与过氧化物酶（POD）、过氧化氢酶（CAT）含有金属离子有关。^{60}Co γ 射线处理蚕豆干种子对其根尖细胞、茎尖细胞染色体产生的各种畸变，为辐射当代效应提供了一定的细胞学证据。但是，根尖、茎尖细胞的畸变，对于有性繁殖后代的作物，不能直接作为后代变异的细胞学证据。汤泽生等（1988）研究了蚕豆小孢子发育过程中的染色体畸变可以作为引起后代变异的一种证据和指标，为辐射育种提供了理论依据。用 7 000 R①、10 000 R 的 ^{60}Co γ 射线处理蚕豆干种子后，能引起小孢子母细胞在减数分裂时出现染色体畸变，在减数分裂中出现染色体桥、断片、染色体环等异常现象，造成在小孢子中遗传物质的分配不均和微小孢子发生。遗传物质的改变（不管结构、数量），一方面可以引起性状发生突变，另一方面也可能使小孢子败育（如微小花粉粒、退化花粉粒等）和畸形。华劲松（2005）研究了 ^{60}Co γ 射线处理蚕豆干种子的诱变效果，不同照射剂量对 M_1 代生育期、生物学性状、光合生理有明显的影响，随着剂量的增加生育进程逐渐推迟，生育期延长；株高、分枝数、单株荚数、单株粒数、百粒重等呈递减趋势，且变异系数逐渐增大；诱变处理后，叶片叶绿素含量及光合速率变化规律基本相同，即在结荚期前各处理比对照高，结荚期后，各处理比对照低。

黄雅琴（2017）研究微波辐照对蚕豆种子萌发、花粉发育及农艺性状的影响，结果表明，适当微波辐照能提高蚕豆种子的萌发率，改善蚕豆的农艺性状，但微波辐照会诱发蚕豆花粉母细胞在减数分裂过程中发生染色体畸变，导致花粉败育。

大量研究表明，UV－B 辐射对植物生长有显著影响，包括改变植物的外部形态、内部结构和光合器官，影响光合色素的合成与分解、遗传物质的结构、蛋白质结构与代谢、植物激素的合成与分解、生物膜的结构等。张红霞等（2008）研究表明，UV－B 辐射对蚕豆种子萌发无显著影响，但对幼苗上胚轴的伸长生长有显著抑制作用。当辐射强度大于 0.15 W/m^2 时，植物可能通过加强呼吸来减轻伤害，导致幼苗可溶性糖含量显著减少，进而引起生物量降

---

①R 为非法定计量单位，1R＝2.58×10^{-4}C/kg。——编者注

低。此外，不同强度的 UV－B 辐射会降低叶绿素 a、叶绿素 b 及总叶绿素含量；强度大于 0.20 W/m^2 时，幼苗的丙二醛（MDA）含量显著上升，表明膜系统受到损伤；而 UV－BV 辐射对可溶性蛋白含量无显著影响。

2. 热处理　果蔬储藏前进行热处理可以保持品质，降低果蔬储藏期间病虫害的发生程度，减轻果蔬低温储藏时的冷害，从而延长储藏期，同时热处理具有无化学药剂残留的优点，因而在新鲜果蔬储藏中具较好的应用前景。张兰等（2003）研究了热水处理对蚕豆种子采后主要生理和品质指标变化的影响，探索热处理对蚕豆保鲜的效果和适宜条件，结果表明，通过 45 ℃热水处理，不仅可抑制苯丙氨酸解氨酶（PAL）活性，减少酶褐变底物多酚类物质的产生，同时还抑制多酚氧化酶（PPO）活性，抑制褐色素的形成和褐变的发生，这表明蚕豆储藏中的褐变主要由酶褐变引起。

柳晓晨等（2022）研究表明，45 ℃的热水处理 10 min 能有效减轻蚕豆荚在常温储藏过程中的褐变，保持种子的高品质率，并且维持豆荚和豆粒中的维生素 C 和叶绿素含量，防止品质下降。这种处理显著降低了褐变指数及 PPO 和 POD 的活性，减少了总酚的消耗，同时提高了抗氧化酶活性和自由基清除率，说明热水处理通过增强抗氧化能力来抑制褐变，保持蚕豆的储藏品质。

3. 低温春化处理时间研究　人工低温春化处理有助于蚕豆提前开花和结荚，实现早收获早上市，延长采收期，避免产品扎堆上市，从而增加产量和经济收益。此技术对鲜食蚕豆的市场供应和经济效益有显著影响，研究其对蚕豆生长周期和产量的作用，对探索蚕豆提早上市具有重要意义。

施素秀（2023）研究了低温处理蚕豆种子对植株生长特性和产量的影响，结果表明，低温处理 5～30 d，尤其是 25 d 内，可以提前开花和结荚时间，降低始花节位，减少分枝数，增加结荚数和鲜荚重，从而提高产量。低温处理 25 d 的产量最高，比对照增产

23.7%，并且鲜荚可以提前9～16 d采收。然而，处理时间达到30 d时，产量会下降。这表明适当的低温春化处理可以促进蚕豆提早进入生殖生长阶段，提高产量和提前上市时间。

陈莹等（2020）对建立的低温春化处理时长与鲜荚产量的函数效应模型进行分析，结果表明，低温（4±1）℃春化处理23 d时，蚕豆鲜荚经济产量表现最佳。在催芽露白后，经（4±1）℃低温春化处理20～25 d，可以达到既增产又可提前采收上市的目的；陈华等（2012）研究表明蚕豆种子春化的时间最好在14 d内，不宜超过21 d。

但有部分研究结果与上述研究有差异，如徐兵划等（2015）研究认为，0 ℃的低温春化效果最好，可以增加结荚数，增加鲜籽粒百粒重，明显增加产量。人工低温春化诱导技术处理20 d（0 ℃）的蚕豆由播种到青荚采收的周期比常规播种的蚕豆提前60 d左右。另有研究表明，低温对花芽分化的影响并不呈简单的线性关系，而是存在一个最适的花芽分化诱导温度或者温度范围。

4. 蚕豆种子萌发和幼苗生长研究　王斌等（2017）用夹竹桃叶、嫩茎和果实的不同浓度提取物处理蚕豆种子，结果表明，夹竹桃器官提取物对蚕豆种子萌发和幼苗生长具有显著影响，嫩茎的毒性作用最大，果实的毒性作用最小，各培养液中蚕豆的平均萌发率、幼苗平均高度、根长和鲜重均表现为果实提取物>叶提取物>嫩茎提取物。

陈华等（2010）研究了PEG浓度、硼浓度、钼浓度及浸种时间对大粒蚕豆发芽能力的影响，结果表明，PEG和浸种时间对蚕豆的发芽影响较大，大粒蚕豆浸种的PEG最佳浓度为5%，最佳浸种时间为16 h。

张英慧等（2021）对铅诱导蚕豆根尖细胞微核及染色体畸变的研究表明，Pb^{2+}对蚕豆根尖细胞微核率和染色体畸变率有影响，其影响程度与Pb^{2+}处理浓度和处理时间有关；通过不同浓度的

$CaCl_2$ 溶液培养蚕豆种子表明，1.0～10.0 mmol/L Ca^{2+} 能不同程度地促进蚕豆根生长和细胞分裂，其中 5.0 mmol/L Ca^{2+} 处理的蚕豆根长和有丝分裂指数最高，之后随着 Ca^{2+} 浓度的继续增高，根生长和细胞分裂速度开始下降，甚至受到抑制。

赵锦慧（2015）对蚕豆种子及幼苗分别进行铅镉胁迫、UV-B 辐射胁迫及 UV-B 辐射和铅镉复合胁迫处理研究，结果表明，3 种胁迫处理对蚕豆种子萌发、幼苗生长、幼苗根系和叶片生理指标均有不同程度的影响。

常青（2008）研究了邻苯二甲酸二（2-乙基己基）酯（DEHP）对植物的毒害作用，采用不同浓度的 DEHP 溶液对蚕豆根部进行处理，结果表明，对蚕豆根尖进行短期（6 h）处理后，各 DEHP 处理组微核率随 DEHP 含量的升高呈显著上升趋势，处理 7 d 后，随 DEHP 含量的升高（0～20 mg/kg），蚕豆幼苗茎、叶超氧化物歧化酶（SOD）活性均呈逐渐升高趋势；DEHP 含量在 20～200 mg/kg 时，SOD 活性均略有下降，DEHP 对蚕豆种子具有遗传毒性，且能够对蚕豆幼苗产生氧化损伤。

王萌（2010）用不同浓度的食品添加剂胭脂红和分析纯胭脂红处理蚕子种子，结果表明，两种胭脂红均可诱导蚕豆根尖细胞产生微核和染色体畸变，且微核率和染色体畸变率均随处理浓度的升高而增大，分析纯胭脂红诱导的微核率和染色体畸变率多低于食品添加剂胭脂红。

马瑞环等（2019）研究了艾蒿水浸提液对蚕豆种子萌发和幼苗生长的化感作用，结果表明，艾蒿茎叶浸提液对蚕豆种子的萌发和幼苗生长都有一定的抑制作用。

魏晓梅等（2018）研究不同浓度氯化铅溶液和氯化钙溶液对蚕豆种子萌发和根生长的影响，结果表明，一定浓度的 Ca^{2+} 和 Pb^{2+} 对蚕豆萌发没有影响，但会影响萌发速率，当 Ca^{2+} 浓度超过 1.0×10^{-2} mol/L 后，随着 Ca^{2+} 浓度的增高，蚕豆萌发速度降低；Pb^{2+}

对蚕豆根尖生长有一定的抑制作用，浓度越高，根的生长越慢，甚至停止生长。

漆爱红等（2016）开展了不同质量浓度 LiCl 对蚕豆种子萌发的影响研究，发现低质量浓度的 LiCl（0～80 mg/L）对蚕豆的萌发具有促进作用，LiCl 质量浓度为 80 mg/L 时对蚕豆的萌发促进作用最大。

李源等（2009）研究了外源 NO 和 H_2O_2 对镉胁迫下蚕豆种子萌发及幼苗生长的保护效应，发现与外源 NO 和 H_2O_2 单独处理相比，二者互作处理可显著增强镉胁迫下蚕豆种子的活力，从而缓解了重金属镉对蚕豆种子萌发的毒害作用；并且外源 NO 和 H_2O_2 互作处理对缓解镉胁迫下蚕豆幼苗的氧化损伤存在正协同效应，主要表现在增强了根系活力，提高了叶绿素含量和脯氨酸含量，并降低了 MDA 含量，进而增强了叶片细胞的渗透调节能力和耐毒能力。

许泽宏等（2000）研究了模拟酸雨对蚕豆根生长发育的影响，结果表明，酸雨对蚕豆发芽率以及根的长度、鲜重、干重和灰分含量均有不同程度的影响，其中以对蚕豆根的长度、鲜重和灰分含量的影响最为明显，虽然对发芽率影响不大，但降低了蚕豆种子的萌发速度。

5. 重金属对蚕豆种子萌发及体细胞分裂的影响　赵锦慧等（2016）用醋酸铅胁迫处理蚕豆种子及其侧根，研究其不同浓度处理对蚕豆种子侧根萌发情况、侧根根系活力、侧根根尖细胞微核率、侧根形态和颜色及蚕豆幼苗叶片叶绿素含量等的影响，结果表明，同一处理浓度下，随着醋酸铅胁迫处理时间的延长，蚕豆侧根根系活力减弱，根尖细胞微核率上升，侧根根长增加幅度和侧根发生率升高幅度减小，幼苗叶片叶绿素含量下降，而侧根弯曲度未发生变化；同一处理时间下，醋酸铅处理浓度与侧根根系活力、幼苗叶片叶绿素含量成反比，与侧根根尖细胞微核率成正比，另外，随着醋酸铅胁迫处理时间的延长和处理浓度的增大，蚕豆幼苗侧根的

颜色发生明显变化甚至出现烂根现象。

王爱云等（2012）研究了铬（Cr^{6+}）胁迫对蚕豆幼苗根生长和细胞分裂的影响，结果表明，Cr^{6+}胁迫影响蚕豆种子萌发、根生长和根尖分生组织有丝分裂过程，低质量浓度Cr^{6+}处理促进蚕豆种子萌发、根生长，高质量浓度则具有抑制作用，Cr^{6+}对蚕豆根的毒害有累积作用。莫文红等（1992）在镉离子对蚕豆根尖细胞分裂的影响中发现，不同浓度的$CdCl_2$处理蚕豆根尖，根的生长受到不同程度的抑制，其生长速率与镉离子浓度呈明显的负相关关系。

苟本富（2008）通过对蚕豆种子萌发率、幼苗根系活力、株高及鲜重的研究，发现铝对蚕豆生长的影响表现出两面性，即低浓度时，对蚕豆生长有一定的促进作用；高浓度时，有较明显的抑制作用。低浓度的铜处理对蚕豆生长有促进作用，最适于蚕豆生长的铜离子浓度为10 mg/L；铜离子浓度过高会产生生理毒害作用，进而影响蚕豆种子的萌发率和幼苗的正常生长。

四、肥料应用研究

李文玲等（2020）在青海省湟中县春播区域开展了肥料利用率研究，结果显示氮、磷、钾肥的利用率分别为48.91％、17.15％和44.57％，氮肥利用率最高，钾肥其次，磷肥最低；蚕豆对养分的吸收是相对平衡的，缺素导致蚕豆籽粒和茎秆对其他营养元素的吸收量同时降低；根据试验数据，在不施钾肥的情况下，百粒重等经济性状与全肥区基本一致，但单株产量较低。

李艳芳（2022）等通过开展蚕豆田间试验，设置测土配方施肥氮磷钾区、测土配方施肥缺氮区、测土配方施肥缺磷区、测土配方施肥缺钾区四个试验处理，研究氮、磷、钾三种元素的施用对蚕豆植株长势、籽粒产量、养分吸收量等指标的影响，结果表明，乐都区山旱地覆膜种植蚕豆的氮肥利用率为42.75％，磷肥利用率为16.14％，钾肥利用率为46.16％。

吴成英等（2022）在青海省互助县开展了蚕豆对氮、磷、钾肥利用率的研究，通过对蚕豆生育期、经济性状、籽粒和茎叶产量、肥料利用率等的调查和分析，发现全肥的情况下，100 kg 籽粒吸收全氮、全磷、全钾的量分别是 5.02 kg、1.28 kg 和 1.40 kg，氮、磷、钾肥的利用率分别为 32.28%、10.95%、42.28%，氮、磷、钾肥的合理施用对蚕豆具有显著的增产作用。

韩梅（2021）开展了有机肥替代化肥研究，结果表明，有机肥、氮肥、磷肥对蚕豆产量的影响以有机肥最大，氮肥次之，磷肥较小。蚕豆产量随着有机肥、氮肥、磷肥施用量的增加而增加，达最高产量后，又随施用量的增加而降低；对各单因子效应方程求导数以及采用当年当地蚕豆平均销售价及肥料的价格，得出蚕豆最高产量施肥量为有机肥 4 698.00 kg/hm^2、尿素 147.15 kg/hm^2、过磷酸钙 556.06 kg/hm^2，最佳经济施肥量为有机肥 4 236.00 kg/hm^2、尿素 136.80 kg/hm^2、过磷酸钙 539.00 kg/hm^2。氮、磷、钾、硼、钼肥配合施用对蚕豆籽粒产量、地上生物量均有明显影响，每生产 100 kg 蚕豆需 N 4.9 kg，P_2O_5 1.1 kg，K_2O 4.9 kg，氮、磷、钾比约为 1∶0.22∶1。

张永春等（2016）研究了旱地缓释氮肥与普通尿素配施对覆膜蚕豆产量和经济效益的影响，结果表明，60%缓释氮肥配施 40%普通尿素的蚕豆产量为 6 445.35 kg/hm^2，比不施肥和施用普通尿素分别增产 31.27%和 17.23%；与施用普通尿素相比，肥料投入差异不大，但经济效益增值较大，为 4 356.66 元/hm^2。

董国玺等（2016）在甘肃省积石山县开展了复混专用肥对高寒阴湿区蚕豆产量及施肥效益的影响研究，当基施蚕豆复混专用肥 1 125 kg/hm^2时，与当地群众习惯施肥（CK）处理相比，2 年蚕豆平均产量和产值均提高了 12.0%；肥料当季表观利用率、农学效率和偏生产力比 CK 分别提高了 13.32%、3.33 kg/kg 和 3.33 kg/kg。

徐长合等（2010）对不同肥料处理下蚕豆幼苗提取铀镉的生理

特征进行了研究，结果表明，蚕豆幼苗叶绿素含量随铀镉浓度升高而减小，可以通过选择肥料配方增强蚕豆铀镉抗逆性。

王一雪（2010）在安徽省安庆市宜秀区开展了多元配方肥、多元配方肥＋硫酸镁、硫酸镁3个施肥处理与不施肥对照处理间的肥效对比试验，认为以施用多元配方肥＋硫酸镁混合肥效果最好，比不施肥的对照增产达极显著水平，比单施多元配方肥的处理增产达显著水平。其次对产量影响较大的是施用硫酸镁的处理，比未施肥的增产达显著水平。

杨宝生（2017）开展了不同磷、钾肥施用量配比对蚕豆产量的影响研究，并分析了适合蚕豆高产的适宜磷、钾肥配比，结果显示，每亩施过磷酸钙40～55 kg、硫酸钾25～35 kg配合氮肥为蚕豆生产中的最佳施肥方案。

李月梅（2011）开展了7种不同施肥处理对青海蚕豆产量及土壤养分的影响研究，结果表明除单施有机肥处理外，各施肥处理与对照的蚕豆产量和秸秆产量差异显著，其中有机肥和无机肥配施处理经济产量和秸秆产量最高。有机肥和无机肥配施（NPKM）的单株产量、单株有效粒数、单株荚数和主茎分枝数等指标较其他施肥处理具有更为明显的综合优势，且上述指标与蚕豆产量呈显著正相关；施肥对土壤养分状况有不同程度的影响，有机肥和无机肥配施处理（NPKM）相对于其他施肥处理，各养分指标均有明显提升，更有利于土壤肥力的恢复和增强。

钟洋敏等（2024）开展了不同底肥处理对菜用蚕豆生长及产量的影响研究，以施鸡粪＋复合肥为对照（CK），设置羊粪＋复合肥、蚕沙＋复合肥、炭基肥＋复合肥、鸡粪＋复合肥＋微生物菌剂等处理，研究菜用蚕豆生长和产量变化特征，结果表明不同底肥处理均提高了丽蚕3号的产量，施用羊粪＋复合肥的处理比CK增产16.2%，施用效果好、底肥总成本较低。

陈国琛（2004）通过氮、磷、钾肥不同施用量的试验，得出蚕豆生产中氮、磷、钾肥经济有效的施肥量是普钙 450 kg/hm^2、硫酸钾 150～225 kg/hm^2，不施或慎施氮素肥料，为蚕豆生产提供了经济有效的施肥依据。

丁宝玲（2013）开展了早稻田蚕豆秸秆翻压还田试验研究，结果表明，每亩翻压蚕豆秸秆 1 500 kg、配施 70%～80%化肥的处理，早稻增产 5.11%～6.26%，并且可以提高土壤养分含量，改善稻田土壤理化性状。

刘庭付等（2012）开展了不同施肥时间及施肥量对丽水市莲都区碧湖平原冬季蚕豆主要经济性状及产量的影响研究，结果表明每亩基施碳酸氢铵 50 kg、生物有机肥 80 kg、三元复合肥 40 kg、钙镁磷肥 25 kg，立春后追施三元复合肥 20 kg，蚕豆始花期和盛花期叶面喷施硼砂、钼肥和磷酸二氢钾各 100 g 的施肥模式较为合理。

王立浩等（2024）开展了施氮量对蚕豆养分利用效率的影响研究，结果表明除收获期外，同一时期内，随施肥量的增加，蚕豆干物质无明显差异。而收获期，与对照相比，3 个施氮处理的蚕豆干物质增加了 26.95%～62.50%，这可能是由于蚕豆自身具有结瘤固氮功能，生育前期，蚕豆可固定空气中氮素供应其生长，处理间蚕豆干物质积累无明显差异，生育后期，黄酮类结瘤信号物质减少，蚕豆固氮功能减弱，氮肥施用明显影响蚕豆干物质积累和分配。

张靖等（2017）开展了有机肥和无机肥配施对甘肃省秦王川灌区蚕豆成熟期干生物量、籽粒产量、养分吸收量以及肥料利用率的影响研究，结果表明在相同的施氮、磷水平下，有机肥和无机肥配施以及单施有机肥的肥效均高于无机肥配施以及单施无机肥；羊粪+氮磷肥配施（MNP）的籽粒产量、全株吸收氮量、籽粒吸收氮量、全株氮肥吸收利用率、全株钾肥吸收利用率、氮肥农学利用效率、钾肥农学利用效率均最高。

宋度林等（2017）开展了施肥和疏枝对鲜食蚕豆产量及农艺性

状的影响研究，结果表明肥力相对比较低的处理，疏枝比不疏枝产量降低，随着肥力水平的提高，疏枝的产量高于不疏枝，疏枝能提高蚕豆商品性；建议低肥力水平下不进行疏枝，在高肥力水平下进行疏枝；从节本角度考虑，在适宜的密度条件下，控制施肥量，不疏枝也能达到较高的产量；而从提高商品性出发，用疏枝的方法，能提高3粒荚的比例。

李洪文等（2015）对蚕豆氮、磷、钾施肥效应进行了研究，结果表明不同施肥处理是影响蚕豆植株吸收土壤养分及蚕豆产量的主要因素，合理施肥能有效提高蚕豆产量。氮肥增产率十分明显，1 kg纯氮使蚕豆增产23.33 kg；磷、钾肥增产效果比较好，1 kg纯磷、1 kg纯钾分别使蚕豆增产6.12 kg、3.34 kg。说明蚕豆吸收养分的限制因子主要是施氮量，其次是施磷量。

张亚静（2023）开展了青海省湟中区商品有机肥替代化肥对蚕豆产量、土壤养分及蚕豆品质的影响研究，结果表明施商品有机肥处理和常规施肥处理的蚕豆产量都较高，且二者差异不显著；但是从土壤养分角度分析，施商品有机肥处理的土壤全氮、有机质、有效氮、有效磷、速效钾、全钾和水溶盐含量均最高，而常规施肥处理的土壤有机质、有效氮、有效磷、速效钾含量相对较低；从蚕豆籽粒品质分析，施商品有机肥处理的蚕豆淀粉、粗蛋白和灰分含量均最高，比常规施肥分别增加了1.19%、5.04%和15.31%，施商品有机肥不仅提高了蚕豆的产量和品质，也增加了土壤养分和改善了土壤理化性质。

张仕林等（2021）开展了叶面喷施磷（P）、钾（K）和硼（B）肥对蚕豆农艺性状及产量的影响研究，结果表明PK和PKB处理均可提高蚕豆茎粗，降低株高和节间长度；在现蕾期、初花期和末花期喷施磷酸二氢钾、低浓度硼肥及磷酸二氢钾和硼肥配施的叶面肥均可促进蚕豆生长及提高产量，0.3%～0.4%磷酸二氢钾和0.1%硼肥配施的处理效果最优。

周西（2016）开展了氮、钾二因素初花期追肥试验，并对结果进行变量分析，定量地得出较优组合为尿素 75 kg/hm^2、氯化钾 250 kg/hm^2，将结果与现有技术集成，小面积示范鲜食蚕豆平均产量为 10 660 kg/hm^2，比传统方法增产 52.5%。

张永春等（2016）开展了蚕豆品种青蚕 14 的缓释尿素梯度试验，筛选最佳缓释肥施用量，结果表明缓释氮肥（折纯 N）施用量为 100 kg/hm^2 时，青蚕 14 产量最高，达 6 006.15 kg/hm^2。当缓释氮肥（折纯 N）施用量超过 100 kg/hm^2 达到 125 kg/hm^2 时，蚕豆产量开始出现递减趋势。

雷朝鲜等（2019）开展了磷、钾肥不同用量对慈溪大粒 1 号蚕豆的影响研究，认为基肥以三元复合肥（16－16－16）300 kg/hm^2、P_2O_5 525～600 kg/hm^2、K_2SO_4 255～270 kg/hm^2 为宜。

叶文伟等（2012）开展了施肥时间对冬季蚕豆产量与品质的影响研究，结果表明在施用基肥、立春肥、现蕾肥、打顶肥外再在 4 叶期追肥，每荚 3 粒数占总荚的百分比达 40.0%，不同的施肥时间对蚕豆的株高、荚宽、荚长没有明显影响。

黄翠菊等（2011）开展了不施肥（CK）、氮磷钾化肥配施（NPK）、农家肥与氮化肥配施（OM＋N）、农家肥与氮磷化肥配施（OM＋NP）、农家肥与氮钾化肥配施（OM＋NK）、农家肥与氮磷钾化肥配施（OM＋NPK）6 种施肥处理对水稻和蚕豆高产、稳产、肥料贡献率和持续性的影响研究，结果表明在蚕豆上肥料贡献率较好的 3 种施肥处理依次为氮磷钾化肥配施、农家肥与氮磷钾化肥配施、农家肥与氮磷化肥配施。

五、水分管理研究进展

蚕豆的水分管理是确保其健康生长和高产的关键措施之一。蚕豆喜欢湿润的环境，但同时也怕积水，因此在种植蚕豆时，水分管理尤为重要。

郭松年等（2010）开展了春播蚕豆水分利用率研究，结果表明籽粒产量水平的水分利用率（WUE）为 1.24 kg/m^3，最大籽粒产量时的耗水量为 4 988.9 m^3/hm^2；各个处理的群体水分利用率均在开花期较高，苗期及成熟期较低；叶片的水分利用率和气孔阻抗呈二次关系曲线，而气孔阻抗随土壤含水量增大而减小，取得最大 WUE 时的土壤含水量应控制在田间持水量的 62%左右。因此，通过控制土壤含水量来调节气孔阻抗是提高蚕豆水分利用率的可行措施之一。

陈国琛等（2007）开展了蚕豆水分管理技术试验研究，通过灌水后测定土壤水分含量和植株体内水分含量的变化，分析得出获得蚕豆高产必须灌好现蕾、开花等 4 次水，第一次灌水时间为播种后 50～60 d，以后每隔 30～35 d 灌 1 次水，同时提出了土壤水分过高时防止烂豆、死苗，保证苗齐、苗壮的技术措施，为蚕豆水分管理提供了科学依据。

魏琼等（2018）开展了土壤水分条件对蚕豆花荚期光合作用-光响应特征的影响研究，结果表明在适宜含水率时，蚕豆各项光合参数都保持在较高水平，蚕豆得以正常生长；含水率较低或较高时，蚕豆叶片气孔导度都呈现出下降趋势，蒸腾速率也随之降低，最终导致光合速率的降低。维持蚕豆正常生长的土壤含水率为 28.06%～30.14%，最佳土壤含水率为 29%左右；适宜光合有效辐射强度为 600～1 600 μmol/(m^2 · s)。

郝永生等（2008）通过对分枝期和开花期的蚕豆植株进行水分胁迫处理，发现水分胁迫植株的脯氨酸含量增加，钾、钠离子含量增加，水溶性蛋白含量有所变化，但是植株生物量的积累减少。

王福霞等（2008）开展了调亏灌溉条件下蚕豆耗水规律及其产量效应的试验研究，结果表明重度缺水严重抑制蚕豆生长，使蚕豆叶面积变小，且这种抑制作用可持续较长时间，而轻度缺水几乎不影响蚕豆的生长；缺水不仅减少调亏期间的需水量，还对后继生育阶段需水量有影响；缺水不但能提高调亏期间的水分利用率，而且可以提高后继生育阶段的水分利用率；轻度缺水可提高蚕豆产量。

诸凯等（2020）开展了脱水过程中蚕豆种子内部水分相态变化及表面水分损失动力学研究，用低场核磁共振（LF－NMR）技术分析蚕豆内部的水分含量以及不同水分状态的变化规律。结果表明，蚕豆水分含量与NMR信号幅值呈显著的线性关系；在真空脱水过程中，自由水蒸发速度最快，半结合水含量呈增加—减少趋势，最终含量减少了88.5%，结合水含量仅有小幅度波动变化，最终含量减少了45.3%；真空压力的增大会促进水分蒸发，温度的增加会缩短脱水时间。

六、整枝打顶研究进展

钟小娟等（2023）开展了整枝打顶对不同蚕豆品种鲜食产量及其产量构成因素的影响研究，结果表明打顶处理可有效控制不同蚕豆品种的株高，并对提高鲜食专用型蚕豆品种成胡25的百粒重及出籽率有一定促进作用。整枝打顶对蚕豆的增产效应在不同蚕豆品种间具有差异，不同整枝打顶方式的蚕豆增产效应也不同，对于不同专用型品种，可选择性针对某些产量性状而采取适宜的整枝打顶方式，以获得更高的经济效益。

第五节　春化作用研究

春化是指某些植物在特定条件下，其基因按照一定的顺序被激活，从而触发一系列生理和生化反应的过程。许多冬性一年生或二年生植物在萌发或生长初期需要经历低温处理才能开花。尽管小麦和拟南芥的春化研究较为广泛，但关于蚕豆春化作用的研究相对较少，本节对不同低温处理、春化处理时间、播种时间等方面的研究进行综述。

一、低温春化适宜处理温度研究

徐兵划等（2015）研究表明，春化处理温度以 0 ℃春化的效果最好，4 ℃次之。0 ℃（20 d）低温处理的蚕豆从播种到青荚采收，其周期比常规提前 60 d，平均单株鲜荚数为 57 个，鲜籽粒百粒重为 360 g。赵薇等（2022）开展了 4 ℃、10 ℃/5 ℃（白天 10 ℃，夜间 5 ℃）、15 ℃/8 ℃（白天 15 ℃，夜间 8 ℃）春化处理 20 d、35 d、50 d 对蚕豆开花结荚时间和产量的影响研究，结果表明 10 ℃/5 ℃春化处理 35 d 的效果最好，始花时间、鲜荚始收时间最早，分别为 22.7 d、52.6 d，单株产量最高，可达 414.7 g。

二、低温春化处理时间研究

陈华等（2012）开展了 0 d、7 d、14 d、21 d、28 d 不同春化时间对蚕豆幼苗若干生理生化指标的影响研究，结果表明随着春化时间增加，蚕豆幼苗中超氧化物歧化酶（SOD）、过氧化物酶（POD）和过氧化氢酶（CAT）的活性整体呈现先上升后下降的趋势，其中 SOD 和 CAT 的活性在春化处理 14 d 时最高，POD 的活性在春化处理 21 d 时最高；丙二醛（MDA）含量的整体趋势是先缓慢上升，到春化处理 28 d 时大幅度上升，因此蚕豆种子春化的时间最好在 14 d 内，不宜超过 21 d。

陈江辉（2018）等开展了春化处理对蚕豆性状表达的影响研究，结果表明蚕豆既是绿体植物春化型又是种子萌动春化型。在 3～10 ℃，温度越低春化处理的效应越强。在 0～12 d 的处理时间内，处理时间越长春化处理的效应越强，随着处理时间的增加，单位处理时间的春化效应减弱。

薛晨晨等（2018）开展了不同春化时间对蚕豆生长和开花的影响研究，结果表明在严格的温室控温环境下，蚕豆在未经低温春化处理的情况下，营养生长较强，分枝数较多，叶片生长缓慢，且不出现开花迹象。而随着低温春化的时间逐渐增加，蚕豆植株叶片生长速度变快，分枝数减少，且开花时间逐渐变短，春化 12 d 即能实现 30 d 内快速开花，且达到 100%开花率，同时分枝数下降不明显。

三、春化处理后的播种时间研究

宋度林等（2019）在春化栽培条件下进行不同播期、不同密度试验研究，结果表明播期对春化栽培单株荚数、3 粒荚数和 3 粒荚重量占比、产量均无显著影响；不同密度下蚕豆的单株荚数有显著差异。怀燕等（2019）开展了不同品种与播期配置对春化栽培鲜食蚕豆的影响研究，结果表明不同鲜食蚕豆品种对春化栽培蚕豆的单株荚数和总产量无显著影响，而对 3 粒荚数和 3 粒荚重量占比、早期产量有显著影响，不同播期对春化栽培蚕豆的单株荚数无显著影响，对 3 粒荚数和 3 粒荚重量占比、早期产量、总产量有显著影响。鲜食蚕豆春化栽培宜选择在 9 月下旬播种。

四、春化处理对生长的影响研究

崔萌萌等（2018）通过研究移栽期对 3 个不同品种春化蚕豆的影响得出，人工春化蚕豆的生长特性和产量不但与春化处理方式有关，而且移栽期对其影响也很大。春化蚕豆品种推迟 10 d 移栽的植株生长与产量均比早期移栽的好。

卞晓春等（2015）以鲜食蚕豆芽苗为材料，开展了不同春化温度、时间的二因素裂区试验研究，结果表明蚕豆的分枝数随着春化温度的升高和春化时间的延长表现出增加趋势，蚕豆的总荚数随着春化温度的降低和春化时间的延长表现出增加趋势。

陶永刚等（2020）开展了蚕豆人工春化促早栽培试验，认为人工促早设施栽培和人工促早露地栽培较对照常规露地栽培采摘适期分别提前 33 d 和 19 d，春化作用明显。

戚自荣等（2017）开展了鲜食蚕豆不同人工春化处理及栽培技术试验研究，发现蚕豆芽在春化处理过程中出现结冰现象（0 ℃以下）后春化过程中断，始花与结荚明显推迟，产量较低；蚕豆苗经冷冻（5～6 ℃）春化处理后，始花与结荚提前，采摘期延长，每亩鲜荚产量为 1 511 kg。在株距 22 cm 时每亩结荚数最多，鲜荚产量高，可以适当密植。

五、不同品种对春化响应的研究

邵奇等（2016）为了解不同蚕豆品种对人工春化响应的差异性，开展了人工春化对不同基因型蚕豆生长表型及发育形态的影响研究，结果表明春播蚕豆主要来源于北方，春化敏感程度低；冬性蚕豆主要来源于南方，春化敏感度高；移栽初期，春化处理的株高、有效分枝数低于未春化处理，生长后期逐渐持平；春化植株始花期比未春化处理的提前 10～60 d。陈江辉等（2017）为筛选出适合春化处理促早栽培模式的蚕豆品种，开展了相关蚕豆品种的比较试验，在春化处理促早栽培模式下，各蚕豆品种的性状表现不同，其中慈蚕 1 号和通鲜 1 号较适合春化处理促早栽培模式。

第六节　病害防治研究

一、蚕豆赤斑病

赤斑病广泛发生于我国各蚕豆种植区，是长江流域和东南沿海地区蚕豆生产中最重要的病害之一，对生产构成毁灭性危害。当气候适宜时，病害发生严重，造成植株叶片脱落，甚至早衰和枯死，使蚕豆减产 50%～70%。蚕豆赤斑病的病原菌有灰葡萄孢（*Botrytis cinerea*）、蚕豆葡萄孢（*Botrytis fabae*）和拟蚕豆葡萄孢（*Botrytis fabiopsis*），均属半知菌亚门丝孢目淡色菌科葡萄孢属。

黄燕等（2012）根据形态学和分子特征，对采自甘肃、青海、江苏、四川、河北、重庆6个省份的蚕豆赤斑病病原菌进行了鉴定，在6个省份均鉴定到蚕豆葡萄孢、灰葡萄孢和拟蚕豆葡萄孢3种病原菌。通过致病力测定，不同地理来源的3种病原菌分离物都存在致病力差异，但均以强致病力分离物为主。

1. 赤斑病抗性鉴定　丁世飞等（1997）根据Bayes多级判别技术，以长江流域蚕豆赤斑病流行程度和气象资料为研究对象，建立了3个判别方程，为植保部门提供了可靠的依据。朱明华等（2002）对蚕豆全株叶、茎的病情指数与植株上、中、下部3片叶的赤斑病病情指数的关系进行了研究，上、中、下3片叶的病情指数与全株叶病情指数、茎病情指数呈显著相关，其回归方程具有较高的可靠性和应用价值，因此可以由调查上、中、下3片叶的病情指数推算全株的叶、茎病情指数，使调查方法更加简便、易行。赵振玲等（1995）对蚕豆赤斑病抗病性离体幼叶鉴定方法进行了研究，结果表明室内病菌毒素、分生孢子接种离体幼叶鉴定和大田病圃鉴定3种鉴定法结果一致，证明室内离体幼叶无论用分生孢子接种或用病菌毒素接种，鉴定结果与传统的病圃鉴定结果一样准确、可靠，即室内离体幼叶鉴定可替代大田病圃鉴定。陈华等（2024）对蚕豆赤斑病病原菌进行形态学和分子生物学鉴定，选用9种化学药剂进行药剂筛选试验，记录在不同药剂、不同浓度下病原菌的生长情况。前期鉴定出的菌株中，灰葡萄孢出现频率最高，作为试验的代表菌株，其生物学特性结果表明葡萄糖和酵母分别作为最适碳、氮源，培养温度为20～25℃时，病原菌的生长速度最快；室内药剂筛选试验表明，噁酮·霜脲氰和代森锰锌2种杀菌剂的EC_{50}值较低，药物毒力较强；灰葡萄孢是引起青海省蚕豆赤斑病的主要病原菌之一，葡萄糖和酵母对ZS045B生长的促进效果较强，在20～25℃下培养最适合病原菌的生长，噁酮·霜脲氰和代森锰锌对病原菌ZS045B生长的抑制效果较强。

2. 赤斑病发生与环境条件的关系 范仰东（1990）的研究表明，蚕豆赤斑病发病程度与降水量、相对湿度呈明显正相关，另外，赤斑病的发生程度与环境条件也有密切关系，地势较高、排水方便的田块发病轻，低洼易积水田块则发病重；种植密度较低的田块发病轻，种植密度高的发病重；间作、套种田发病轻，单作蚕豆田发病重；多施磷、钾肥田发病轻，少施磷、钾肥田发病重，因此，加强田间栽培管理能有效减轻赤斑病发生。李平（2002）研究表明，蚕豆赤斑病的危害程度与盛花至结荚期的气温和大气相对湿度关系密切，此外，蚕豆田低洼积水、蚕豆生长势弱、受冻严重、播种过早或过迟、播种量过大也有利于该病的发生。在发病严重的地块上，凋落的黑色花、叶以及地下的烂根均是翌年发病的重要病源。

3. 赤斑病的防治

（1）间作。周桂夙等（2005）的研究发现，在小麦与蚕豆间作系统中，成熟期增施钾肥的条件下间作蚕豆的钾含量显著高于单作蚕豆。杨进成等（2009）在云南省玉溪市开展小麦蚕豆间作与单作同田对比试验，结果表明，不同年份和各组试验小麦蚕豆间作对主要病虫害都有不同程度的持续控制效果，与单作相比，间作对蚕豆病虫害尤其对蚕豆赤斑病和斑潜蝇的控制效果明显，而且因间作很好地改善了小麦和蚕豆的产量构成因素，增加了蚕豆的叶面积，明显地提高了产量。

马连坤等（2019）开展了小麦蚕豆间作与氮肥调控对蚕豆赤斑病和锈病复合危害及产量损失的影响研究，结果表明不同施氮水平使单作蚕豆赤斑病病情进展曲线下面积（AUDPC）平均增加 33.9%，使间作蚕豆赤斑病 AUDPC 平均增加 27.1%，赤斑病 AUDPC 每增加一个单位可导致 1.7 kg/hm^2 的蚕豆籽粒产量损失。

（2）化学防治。陈新等（2015）开展了国内 8 个不同产区蚕豆赤斑病的药剂筛选试验，化学药剂中 80%代森锰锌可湿性粉剂对蚕豆赤斑病田间综合防效在 80%以上，蚕豆产量比对照增产 16%以上；生防药剂裁菌防效在 40%以上，蚕豆产量比对照增产 8%左右。

徐邦君等（2019）进行了不同药剂对赤斑病和褐斑病的防效试验，以 75%百菌清 1 125 g/hm^2（日本产）、1 350 g/hm^2（国产）对赤斑病、褐斑病、总病害的相对防治效果为优，达 79.39%～83.18%，均高于 40%菌核净 1 125 g/hm^2 和 25%多菌灵 4 500 g/hm^2 的药剂处理，但差异不显著。在国产百菌清 3 种用量中，以 1 350 g/hm^2 的防病效果为优，并且防效显著高于 900 g/hm^2、1 125 g/hm^2 的用药量。

吴全聪等（2006）研究了喷施植物激活蛋白对蚕豆抗病性的影响，从苗期开始每间隔 30 d 或始花期开始每间隔 20 d 喷施 1 次植物激活蛋白 1 000 倍液，能显著增强蚕豆的抗病性，尤其是苗期开始使用的效果更明显，对蚕豆赤斑病的诱抗效果为 59.1%。以苗期开始叶面喷雾植物激活蛋白 1 000 倍液，每间隔 30 d 的使用效果最好；若从始花期开始，则每间隔 20 d 叶面喷施 1 次。

范仰东（1990）的研究结果表明，用 50%多菌灵防治蚕豆赤斑病，用量 1 125 g/hm^2，防治 2 次，在重度发病年份和中度发病年份的蚕豆增产率分别为 59.2%和 27.3%；用 50%硫菌灵 1 125 g/hm^2 防治 2 次，在重度发病年份的蚕豆增产率为 55.8%，其他药剂保产效果均比多菌灵差。此外，推迟防治，病情加重，其防治效果和保产效果呈递减的趋势。

张敏（2019）开展了禄丰县鲜食青蚕豆赤斑病防治田间药效试验研究，结果表明，以 32.5%苯甲嘧菌酯悬浮剂 1 500 倍液防治效果最好，达到 90.3%；另外，50%氟啶嘧菌酯悬浮剂 1 500 倍液的防治效果为 86.1%，10%苯醚甲环唑水分散粒剂 1 500 倍液的防治效果为 82.1%，50%异菌脲悬浮剂 1 000 倍液的防治效果为

73.8%，80%大生 M－45 可湿性粉剂 500 倍液的防治效果为 65.1%。

顾和平等（2012）在蚕豆结荚初期进行不同杀菌剂对蚕豆赤斑病的防治效果试验研究，结果表明裁菌、80%大生 M－45 可湿性粉剂、百泰、50%多菌灵可湿性粉剂和 25%咪鲜胺的综合防治效果最好，可用于蚕豆赤斑病的防治。

李龙等（2019）的研究结果表明，60%唑醚·代森联水分散粒剂对蚕豆赤斑病的防治效果较好，第 3 次喷药后 7 d、14 d、21 d 的平均防效分别为 81.44%、90.41%、86.85%。

张燕等（2021）研究认为 75%百菌清可湿性粉剂、10%嘧菌酯悬浮剂、40%咪·戊悬浮剂对蚕豆赤斑病的防治效果较好。

汤云霞等（2018）研究认为 80%代森锰锌可湿性粉剂、75%百菌清可湿性粉剂对蚕豆赤斑病具有较好的防治效果，且对蚕豆生长安全。

章广庆等（2021）进行的防效试验结果显示，75%百菌清可湿性粉剂防治蚕豆赤斑病的速效性、持效性均较好，施药后 7 d、21 d 对蚕豆赤斑病的防效均在 80%以上，蚕豆产量较空白对照增加 20%以上；3 亿 CFU/g 哈茨木霉菌可湿性粉剂对蚕豆赤斑病的防效一般，但对蚕豆有明显的增产作用。

袁璟亚等（2015）研究结果显示，80% M－45 代森锰锌可湿性粉剂 600 倍液对蚕豆赤斑病的防效最好，其次为菌毒毙 400 倍液；不同杀菌剂处理对蚕豆百粒重和亩产量影响较大，其中 80% M－45 代森锰锌可湿性粉剂 600 倍液处理的百粒重和亩产量最高。

张惠芳等（2015）选用 80%代森锰锌可湿性粉剂 1 000 倍液、75%百菌清可湿性粉剂 1 000 倍液在临蚕 9 号不同生育期开展春蚕豆赤斑病预防效果研究，结果表明在蚕豆苗期、开花期、结荚期进行 3 次防治的效果最好，两种药剂防效分别达 70.21%、71.50%。

二、蚕豆病毒病

蚕豆病毒病不但种类多，而且发生重，可导致蚕豆产量和品质降低。病毒病危害重时，蚕豆结荚少、褐斑粒多，不但影响蚕豆的产量，而且常因褐斑粒而使蚕豆的品质和价格下降，出口也受到限制。我国已经发现并报道的蚕豆病毒病病原有蚕豆萎蔫病毒 2 号（BBWV-2）、蚕豆杂色病毒（染色病毒，BBSV）、芜菁花叶病毒（TuMV）、大豆花叶病毒（SMV）、菜豆黄花叶病毒（BYMV）、黄瓜花叶病毒（CMV）、菜豆卷叶病毒（BLRV）和烟草花叶病毒（TMV）等，其中分布最广、危害较重的为菜豆黄花叶病毒、蚕豆萎蔫病毒、大豆花叶病毒、烟草花叶病毒。在国外的研究中，摩洛哥科学家首次明确在其国内有两种矮缩病毒生理小种可侵染蚕豆。有研究通过分离蚕豆坏死黄化病毒（FBNYV）和蚕豆坏死矮缩病毒（FBNSV），并对其进行测序分析，显示它们是两个不同的生理小种。目前国内的研究主要集中于蚕豆萎蔫病毒、菜豆黄花叶病毒、烟草花叶病毒。

1. 蚕豆萎蔫病毒　蚕豆萎蔫病毒（*Broad bean wilt virus*，BBWV）是蚕豆病毒组的典型成员之一。该病毒自 1947 年被发现至今，已在世界各地相继报道，能侵染 44 科 328 种植物，并引起花叶矮化、萎蔫和植株枯死等症状。BBWV 可由汁液和蚜虫进行非持久性传播。国际病毒分类委员会（ICTV）第六次报告中已将原先的两个血清型划定为两个种，即蚕豆萎蔫病毒 1 号（BBWV-1）和蚕豆萎蔫病毒 2 号（BBWV-2）。

吴建祥等（1999）利用特异性单株，建立了灵敏度高、特异性好的单抗夹心 ELISA 法检测蚕豆萎蔫病毒，其最小检出浓度为 0.16 mg/mL，与几种常见的病毒无交叉反应，并利用该方法对杭州地区的 140 多个样本进行了检测，发现蚕豆中 BBWV 的阳性率达 80%。

戚益军等（1999）对蚕豆萎蔫病毒两个分离物 B935 和 P158 的部分特征进行了比较研究，B935 和 P158 的病毒粒子的形态、血清学关系、病毒外壳蛋白组分和分子质量以及病毒核酸的组分和分子质量基本相似。Northern blot 结果表明，B935 和 P158 的基因组具有同源性，但其同源性不高，这意味着蚕豆萎蔫病毒种内基因组可能存在较大的差异。

洪健等（2006）对蚕豆萎蔫病毒 2 号（BBWV－2）研究表明，该病毒的胞间运动形式与豇豆花叶病毒（CPMV）相似，以完整粒子通过在胞间连丝处形成的小管结构穿越胞间连丝；细胞质中存在的直径 160 nm 的管状体只是一种病毒聚集体，与胞间运动无直接关系，该病毒在筛管中可能以完整粒子的形式进行长距离转运。

刘成科等（2009）将绿色荧光蛋白（GFP）连接于蚕豆萎蔫病毒 2 号 VP37 蛋白的 N 端，构建融合基因 *GFP－VP37*，用农杆菌介导法在 BY－2 悬浮细胞内进行表达，结果显示，GFP－VP37 蛋白主要定位于细胞核周围呈网络状，并在细胞边缘形成点状结构；ER－tracker 标记显示 VP37 在细胞内与内质网共定位；电镜免疫金标记显示 VP37 蛋白主要定位在细胞质中，由此推测内质网参与了 VP37 的细胞内转运和分布。使用透射电镜观察比较了蚕豆萎蔫病毒 2 号（BBWV－2）的分离物 PV131 和 P158 侵染蚕豆的细胞超微结构变化，P158 分离物侵染蚕豆叶肉细胞病变情况与 PV131 分离物相似，形成了膜增生区和相同的管状结构，在蚕豆叶肉细胞中也未观察到病毒结晶体。两个 BBWV－2 分离物虽然在不同寄主植物上引起的细胞病变程度有差异，但其细胞病理学特征是由病毒基因结构所决定的，与寄主的种类无关。

谢礼等（2006）应用透射电镜、ELISA 和 RT－PCR 技术对浙江丽水的蚕豆黄花叶病株进行了病原诊断，电负染色发现病株汁液中存在线状和球状两种病毒粒子，这两类细胞病变现象出现在相邻细胞中；用 BBWV－2 的单克隆抗体对病汁液进行 ELISA 检测的结果为阳性反应，由此可诊断病原为蚕豆萎蔫病毒 2 号和菜豆黄花叶病毒复合侵染。

周雪平等（1996）系统研究了 BBWV-2 的生物学、血清学、理化特性及病毒检测技术，并从分子水平详细研究了该病毒的基因组结构与功能，明确了 RNA2 基因表达方式及 RNA1 基因表达的可能方式，推断出 RNA“前体蛋白切割加工”翻译策略。

2. 菜豆黄花叶病毒　张海保等（1993）在甘肃省春蚕豆区采集到蚕豆病毒病标本 30 余份，经单斑分离得到 3 个病毒分离物，接种 8 科 24 种植物，发现只侵染豆科和藜科的 8 种植物，它们都能通过桃蚜和豆蚜以非持久性方式传播。血清学试验结果表明，它们都能与菜豆黄花叶病毒的抗血清发生阳性反应，根据以上特性，将上述 3 个分离物鉴定为菜豆黄花叶病毒（BYMV）。

涂丽琴等（2019）对江苏省蚕豆上的病毒进行了调查，发现中国江苏的蚕豆病毒分离物与日本的蚕豆病毒分离物同源性最高，其次是澳大利亚的蚕豆病毒分离物和中国青海的菜豆病毒分离物，并通过分析认为江苏蚕豆上检测到的病毒是菜豆黄花叶病毒。

3. 烟草花叶病毒　周雪平等（1997）从蚕豆上分离鉴定出烟草花叶病毒（TMV），该分离物在蚕豆和豌豆上的致病力很强，根据烟草花叶病毒 U1 株系序列，人工合成引物经 RT 法合成 cDNA 后，通过 PCR 技术扩增并克隆了烟草花叶病毒蚕豆株系的外壳蛋白（CP）基因和 3′端非编码区。将 CP 基因及非编码区插入 pGEME X-1 的 T7 基因中，转入 *E. coli* 后诱导表达，聚丙烯酰胺凝胶电泳分析呈现一特异的蛋白带，Western 免疫检测证明该特异带与 TMV 抗血清呈阳性反应。

薛朝阳等（1999）根据已报道的 TMV-U1 株系核苷酸序列合成引物，利用 RT-PCR 技术获得了覆盖整个烟草花叶病毒蚕豆株系（TMV-B）基因组 cDNA 重组克隆，结合末端测序技术，完成 TMV-B 的全基因组序列测定。

4. 防治技术研究 杨生华等（2020）对0.06%甾烯醇、0.5%香菇多糖、30%毒氟磷、8%宁南霉素、20%吗胍·乙酸铜等药剂进行了田间药效筛选试验，结果表明5种抗病毒药剂对蚕豆病毒病均有较好的防治效果，其中30%毒氟磷防效最佳，3次施药后，防治效果分别为67.87%、70.59%和75.39%。段银妹等（2019）的试验研究结果显示，喷施3次毒氟磷对蚕豆病毒病有一定防效。

三、蚕豆根腐病

诱发蚕豆根腐病的因素较多，主要是品种和栽培环境。由于蚕豆常异花授粉的特性，造成各国地方品种性状表型不稳定，多为异质杂合体，难以鉴定、评价和利用。中高抗品种的缺乏和选育鉴定工作的困难限制了蚕豆根腐病抗性资源的开发和利用研究。根腐病菌在病株残体和土壤中可以存活多年，病株残体和带菌的土壤也是引起翌年发病的初侵染源。盲目引种是蚕豆根腐病远距离传播的主要途径之一。土壤湿度是诱发蚕豆根腐病的另一个主要因素，田块灌水后，病原菌快速繁殖，侵染蚕豆根系或茎基部，引起蚕豆发病严重。

20世纪80年代以来，国内外学者就蚕豆根腐病防治问题进行了研究，认为蚕豆根腐病的发生与水分的关系较大。李春杰等（1996）对蚕豆根腐病流行因子调查研究发现，湿度和蚕豆根腐病发病率呈显著正相关，在播种50 d内，降水量多的地方发病率明显高于降水量低的地方，开沟的宽度、管理的精细度直接影响田间湿度环境，从而影响蚕豆根腐病发病率。其认为50%土壤饱和持水量为蚕豆生长的最佳土壤湿度，有利于蚕豆健康生长，可减少根腐病的发生与危害。南志标等（2002）就土壤紧实状况对蚕豆生长的影响进行研究，发现随着表层土壤容重的增加，蚕豆茎、根的干重下降，根腐病发病率增加。陆星星等（2010）调查表明，开沟质量越高，蚕豆根腐病的发生越轻；实行高畦，取土碎盖种的方法，有利于形成适合蚕豆生长发育的土壤水分环境，对预防蚕豆苗期根腐病有明显的作用。

在根腐病药剂防治和筛选方面，南志标等（2002）在田间杀菌剂拌种和杀菌剂与杀虫剂混用防治蚕豆根腐病的研究中发现，三唑酮单独拌种防治效果最佳，植株累计死亡率减少 31%以上，福美双+甲基硫菌灵+甲霜灵混合拌种处理在生长前期也可以有效降低植株的发病率；Gehrke 等（1994）等利用根腐灵土壤处理、甲基硫菌灵拌种处理和代森锰锌土壤处理的田间根腐病防治效果均可达到 100%，多菌灵拌种和根康苗期喷施处理的根腐病防治效果分别为 98.9%和 96.4%。潘文远（2017）通过比较试验发现，62.5%亮盾悬浮种衣剂和 75%敌克松可湿性粉剂可以使蚕豆根腐病发病率降低 30%以上。

段晓东（2015）开展了生物制剂防治蚕豆根腐病的药效试验研究，结果表明哈茨木霉、绿色木霉、枯草芽孢杆菌 3 种生物制剂对蚕豆根腐病均表现出良好的防效，并对蚕豆生长起到了促生增产作用。

张芸等（2019）开展了间作模式下不同种植密度对蚕豆根腐病及作物生长的影响研究，结果表明 6 种不同的种植密度对蚕豆根腐病及作物主要经济性状有不同程度的影响，尤其是种植密度为 12 万株/hm^2 时，蚕豆根腐病的发病率及病情指数最低，且作物农艺性状除株高外均高于其他处理。

四、蚕豆枯萎病

蚕豆枯萎病常见的症状类型有基腐型、根腐型和萎蔫型 3 种，病原菌有尖孢镰刀菌、燕麦镰刀菌、茄类镰刀菌、立枯丝核菌、腐霉菌。

陈志谊等（2002）研究表明，戊唑醇和枯草芽孢杆菌生防菌株 B-916 协同作用，对抑制蚕豆枯萎病菌菌丝生长和防治蚕豆枯萎病均有显著的增效作用。袁婷婷等（2021）开展了阿魏酸胁迫下间

作对蚕豆枯萎病发生和根系组织结构的影响研究，结果表明阿魏酸处理显著增加了蚕豆枯萎病的发病率、病情指数和细胞壁水解酶活性，显著提高了木质素含量和胼胝质沉积，使细胞结构扭曲变形，胞内物质外泄。

董艳等（2014）开展了蚕豆根系分泌物中氨基酸含量与枯萎病的关系研究，结果表明根系分泌物中氨基酸总量随着蚕豆枯萎病抗性的降低而升高；感病品种和中抗品种中检出 15 种氨基酸，而抗病品种中检出 14 种，组氨酸（His）只存在于中抗品种中，脯氨酸（Pro）仅在感病品种中检测到，3 个蚕豆品种根系分泌物中均未检出精氨酸（Arg）；丝氨酸（Ser）、蛋氨酸（Met）和赖氨酸（Lys）与枯萎病病情指数呈负相关，以 Ser 的相关系数最高，其他 13 种氨基酸含量与蚕豆枯萎病的病情指数呈正相关；蚕豆根系分泌物中 Ser、Met 和 Lys 含量及 Ser/Gly、Ser/Ala 值高，能抑制枯萎病的发生与发展，而天冬氨酸（Asp）、苏氨酸（Thr）、甘氨酸（Gly）、丙氨酸（Ala）、缬氨酸（Val）、酪氨酸（Tyr）、苯丙氨酸（Phe）含量高时促进枯萎病的发生，不同蚕豆品种根系分泌的氨基酸含量与组分的差异是引起蚕豆枯萎病抗性差异的重要原因之一。

袁婷婷等（2020）研究表明，苯甲酸不同浓度处理对蚕豆幼苗生长均有不同程度的抑制，且处理浓度越高，抑制效应越明显；苯甲酸胁迫显著增加蚕豆枯萎病发病率和病情指数，显著提高尖孢镰刀菌孢子萌发率和产孢量，显著提高尖孢镰刀菌的产酶和产毒能力；同时，还加剧对蚕豆根系细胞防御系统的摧毁和细胞组织结构的破坏，表明苯甲酸通过提高尖孢镰刀菌的致病力，破坏寄主的组织结构抗性，协助病原菌侵入蚕豆根系，苯甲酸与尖孢镰刀菌的协同作用加重了蚕豆连作障碍的发生。

五、蚕豆细菌性茎疫病

蚕豆细菌性茎疫病主要在中国南方发生，长江流域雨后常见，发病率为10%～20%，严重的达到30%，引起全株死亡，发病率几乎等于损失率。该病主要危害叶片、茎尖和茎秆，严重时也可危害豆荚。病菌通过风雨传播，从植株气孔或伤口侵入。天气干燥时，病情发展缓慢，高温多湿有利于发病。早播、连作平播、过早灌水、田间积水、管理粗放、土壤贫瘠的田块发病重；漫灌易造成病菌随水流传播而导致病害流行。主要症状为叶片感病后，初期边缘变成褐色，逐渐发展成不规则黑色至暗褐色坏死斑，后全叶变黑；茎顶端生黑色短条斑或小斑块，稍凹陷；逐渐向下蔓延，变黑萎蔫；叶柄、茎部染病，向下或向上扩展延伸，出现长条形黑褐色病斑，温度较高的晴天病部变黑且发亮；花受害变黑枯死；高温高湿条件下，叶片及茎部病斑迅速扩大变黑腐烂；豆荚受害初期其内部组织呈水渍状坏死，逐渐变黑腐烂，后期豆荚外表皮也坏死变黑；豆粒受害，表面形成黄褐至红褐色斑点，中间色较深。

黄琼等（2000）对156份蚕豆品种（系）进行了抗细菌性茎疫病鉴定，结果表明不同地理来源的品种、不同株高及粒重的材料的抗病性存在差异。其又对分离自云南省的34株蚕豆细菌性茎疫病菌菌株进行了PCR分析，结果表明用引物BOX和ERIC分别扩增出25条和24条多态性条带；蚕豆细菌性茎疫病菌菌株具有丰富的DNA多态性和较大的遗传变异率，24～25株菌株在75%遗传水平上相似，说明其同源性与菌株的地理来源有一定的相关性。

六、蚕豆锈病

蚕豆锈病是一种真菌病害，其病原属于担子菌门单胞锈菌。其在生长发育过程中会产生夏孢子、担孢子以及锈孢子等，而这些过程都是在蚕豆上完成的，因此其也属于同主寄生类型。蚕豆锈病菌能够在蚕豆的豆荚、叶片上侵染发病，其中叶片受害最为严重；叶

片感病的具体症状是先出现黄白色斑点，然后渐变成圆形红褐色的突起疱状斑，斑点外围通常伴随黄色晕圈；一般情况下，发病较早的重病田块出现一大片的火烧状。蚕豆锈病菌的冬孢子会在寄主上越夏，然后等待寄主出苗以后，冬孢子便会逐渐萌发成为担孢子，且依靠气流传播至蚕豆的叶片上。

骆平西等（1990）对 122 份蚕豆种质材料进行了抗锈病鉴定，其中中抗种质材料占 4.1%。杨得良等（1999）对蚕豆锈病防治效果进行了研究，结果表明以特普唑的防治效果最好，达 91%～96%；粉锈宁和多菌灵次之，为 61.7%～74%。李玺德（2019）研究认为，蚕豆锈病药剂防治效果最好的是甲霜·锰锌，其次是甲基硫菌灵和三唑酮等药剂。

张志刚（2009）针对蚕豆锈病离体叶片人工接种技术进行了探索，对影响蚕豆锈病侵染的主要因素进行了研究，建立了基于离体叶片法筛选的先导化合物筛选方法，采用离体叶片孢子悬浮液喷雾法对1 522份真菌固体发酵提取物和放线菌液体摇瓶发酵提取物进行了初筛，筛选出具有杀菌活性的提取物 90 份，对经过 HPLC 纯化后的 540 个组分进行复筛，获得具有较高杀菌活性的化合物 3 个，筛选结果表明，该筛选方法能稳定、高效地进行先导化合物筛选。

马连坤等（2019）开展了小麦蚕豆间作与氮肥调控对蚕豆赤斑病和锈病复合危害及产量损失的影响研究，结果表明不同施氮水平使单作蚕豆锈病病情进展曲线下面积（AUDPC）平均增加 39.6%，使间作蚕豆锈病 AUDPC 平均增加 69.3%。所有施氮水平下，与单作相比，间作降低锈病 AUDPC 39.6%～56.8%。由此可知间作能减轻锈病的危害程度。

郭增鹏等（2019）开展了施氮和间作对蚕豆锈病发生及田间微气候的影响研究，结果表明小麦与蚕豆间作及控制氮肥用量是改善农田小气候且有效控制蚕豆锈病发生的有效措施，可为间作系统合理施用氮肥和发挥间作控病增产优势提供指导和理论依据。

于海天等（2020）进行了蚕豆抗锈病鉴定方法的改进及资源筛选研究，结果表明采用混合菌源进行苗期接种和在成株期对蚕豆品种锈病抗性进行评价的方法具有较好的稳定性和准确性，该方法可以用于蚕豆锈病综合抗性材料的筛选和抗病育种研究。

第七节　加工技术研究

蚕豆营养丰富，应用广泛，在食品、医药、化工和饲料行业具有重要价值，属于高蛋白、富淀粉、低脂肪作物。工业化加工可从蚕豆中提取淀粉、蛋白质和氨基酸，广泛应用于食品、医药、化工和饲料行业。蚕豆既可鲜食，也可加工成各种食品，包括粮食、菜肴、休闲食品和调味品。蚕豆的开发前景广阔，有潜力成为具有中国特色的农产品和地区经济的支柱产业。

一、蚕豆功能产品的加工

1. 原花色素提取　蚕豆中的原花色素含量为3%～12%，主要集中在蚕豆皮中。原花色素为多酚化合物，具有抗氧化、抗炎、抗肿瘤等生物活性，作为一种高效的纯天然抗氧化剂，其抗氧化和清除自由基的能力显著优于维生素E和维生素C，分别为维生素E的50倍和维生素C的20倍。这种强大的抗氧化性使原花色素能够预防多种由自由基引起的疾病，如心脏病和关节炎等。

蚕豆原花色素提取工艺流程：蚕豆皮→干燥→粉碎→乙醇浸提→丙酮沉淀→真空浓缩→干燥→质检→成品。

2. 抗性淀粉的制备　抗性淀粉具有多种生理活性，包括降低血糖、降低血脂、降低胆固醇、预防和改善糖尿病症状等。此外，抗性淀粉还能缩短粪便在消化道内的停留时间、增加排便量、降低粪便的 pH 以及减少二级胆汁酸的产生。与传统的膳食纤维相比，抗性淀粉不仅具有更优越的生理功能，还具备更好的食品加工性能，因此被视为一种药食两用的食品资源。蚕豆中的抗性淀粉含量较高，为 18.73%，同时含有 16%的直链淀粉，这种直链淀粉易于通过回生过程形成抗性淀粉。在食品工业中，提高抗性淀粉产率的技术方法包括微波加热法和高压加热法。

采用微波加热法制备蚕豆抗性淀粉的过程：使用 30%的蚕豆淀粉乳液，在微波输出功率为 18%的条件下处理 6.5 min，随后自然降温，并在 4 ℃下回生 24 h。回生结束后，样品进行 95 ℃烘干，并通过 100 目筛进行筛分，最终得到的抗性淀粉产率为 42.37%。

采用高压加热法制备蚕豆抗性淀粉的过程：使用 30%的蚕豆淀粉乳液，在 125 ℃下加压加热处理 45 min，然后让样品自然冷却，并在 4 ℃下回生 24 h。回生结束后，样品进行 95 ℃烘干，并通过 100 目筛进行筛分，最终得到的抗性淀粉产率为 46.78%。

3. 豆乳营养饮料的制备 豆乳作为一种植物性乳制品，其脂肪含量低于动物乳，且含有高达 52%～60%的不饱和脂肪酸，特别是亚油酸和亚麻酸，为必需脂肪酸，对人体健康至关重要。豆乳不含胆固醇，长期摄入有助于预防血管壁胆固醇的形成，并具有溶解血管壁、沉降胆固醇的作用。此外，豆乳富含铁、锌和多种维生素，有助于预防血管硬化和老年病。目前市场上以大豆为原料的豆乳较为常见，而以蚕豆为原料的豆乳生产面临排除抗营养因子、抑制豆腥味以及控制生产过程中的褐变现象等技术挑战。

豆乳加工技术可分为干法、湿法和半干法 3 种主要方法。干法加工采用热灭酶和干法粉碎工艺，具有原料利用率高、不产生废水的优点，但对设备要求较高和投入成本较高，有时难以达到理想的加工效果。湿法加工采用湿热灭酶和湿法粉碎工艺，设备要求相对较低，产品质量容易得到保证，但原料利用率较低，且在生产过程中会产生废水。半干法工艺结合了干法和湿法的优点，通过适度加热或稍加水的方式进行灭酶处理，随后采用湿法粉碎，既不需要过多的设备投入，也不产生废水，同时产品质量易于保证。

蚕豆乳营养饮料的加工工艺流程：蚕豆采收→钝化→去荚→剥壳→酸浸泡→漂洗→碱浸泡→漂洗→磨浆→调质→匀质→熟化→消毒→成品。

4. 蚕豆壳茶的制备　蚕豆壳，即蚕豆的种皮，含有多种有益成分，包括L-丙氨酸、L-酪氨酸、多巴以及钙、锌等矿质元素。研究显示，这些成分对降低肾性高血压具有积极作用，且不减少肾脏的血流量。

蚕豆壳茶加工工艺流程：蚕豆采收→清洗→去荚→剥壳→蚕豆壳→微波杀青→揉捻→干燥→冷却→包装→成品。

蚕豆壳茶成品色泽翠绿，清香宜人，品质优良。蚕豆壳茶不含胆固醇，氨基酸和浸出物含量较高，这些成分是茶汤滋味鲜爽的主要物质，并对茶香的形成具有积极作用。此外，蚕豆壳茶还具有促进消化、健胃止渴的功效。不过，饮用时应适量，过量可能导致胃部不适或过敏反应。

二、蚕豆食品类产品的加工

蚕豆作为营养价值丰富的豆类作物，含有大量的蛋白质、淀粉以及丰富的钙、磷等矿质元素，这些成分具有较高的生物利用率。蚕豆的这些特性赋予了它在食品加工领域中出色的应用潜力和经济价值。目前市场上的蚕豆加工产品种类繁多，涵盖了从新鲜食品到加工食品的多个领域，主要包括蚕豆芽、蚕豆苗、蚕豆淀粉、蚕豆酱、蚕豆小食等。上述加工产品不仅丰富了人们的饮食选择，也为

蚕豆的商业化利用提供了多样化的途径。随着食品科技的发展，蚕豆的加工利用潜力有望得到进一步的开发和利用。

1. 蚕豆芽 蚕豆芽是蚕豆种子在避光环境中培育而成的嫩芽体，富含蛋白质、多种维生素及微量元素。在蚕豆发芽过程中，原本的大分子物质被分解为更易吸收的可溶性蛋白和可溶性糖，同时维生素和矿质元素的含量也得到增加，能够促进机体内的酸碱平衡，还有利于消化吸收，具有健脑益智和提高免疫力的功效。此外，蚕豆芽中的高膳食纤维含量有助于降低血脂和促进胃肠蠕动，对缓解老年性便秘具有显著疗效。

2. 蚕豆苗 蚕豆苗是蚕豆种子在光照条件下，采用无土栽培技术培育而成的绿色幼苗。与蚕豆芽生产相比，蚕豆苗生产对环境条件的要求相对宽松。

3. 蚕豆淀粉 蚕豆淀粉含量在40%以上，其中支链淀粉占比较高，黏度大，这些独特的加工特性使其非常适合用于制作各类食品，如粉丝、粉皮等。

蚕豆淀粉的工艺流程：蚕豆→去皮→浸泡→粗粉碎→磨浆→沉淀→过滤→干燥→成品。

4. 蚕豆分离蛋白 蚕豆在食品加工中主要用于淀粉提取，但蕴含的大量蛋白质常被浪费，多数随生产废水流失，这不仅造成了资源的浪费，还可能对环境造成污染。美国和加拿大对蚕豆蛋白制品的生产利用已有较多研究，我国关于蚕豆分离蛋白的加工相对较少。蚕豆蛋白的提取可以采用气力分选法和碱溶液沉淀法。

碱溶液沉淀法的蚕豆分离蛋白制备工艺流程：蚕豆粉→浸提→离心分离→上清液→酸沉→离心分离→蛋白沉淀→中和→喷雾→干燥→蚕豆分离蛋白。

5. 蚕豆酱 蚕豆酱是一种以蚕豆为主要原料，辅以特定比例的辣椒等辅料，通过传统酿造技术精制而成的调味品，以色泽鲜艳、质地细腻、味道鲜美、醇香微辣和营养丰富而著称，被誉为“川菜之魂”的郫县豆瓣酱便是蚕豆酱的代表，作为四川地区最著名的调味品之一，以其独特的风味和制作工艺受到广泛欢迎。

蚕豆酱加工工艺流程：蚕豆瓣→浸泡→蒸熟→混合→接种→通风培养→蚕豆曲→入发酵器→自然升温→加第一次盐水→加第二次盐水→翻酱→成品。

6. 蚕豆酸乳和乳酸菌饮料　乳酸菌作为益生菌，有益于人体健康。在肠道中乳酸菌的作用首先表现为抑菌和抗菌，特别是在人体抵抗力较弱时，乳酸菌能有效防止病原菌的繁殖，从而降低发病风险。乳酸菌还能对抗抗生素可能带来的肠道菌群失衡问题，减少抗生素的毒副作用。乳酸菌可以促进人体的消化功能，刺激消化酶的分泌，增强肠胃蠕动，有助于食物的消化和吸收，同时预防便秘的发生。此外，乳酸菌有助于降低血清胆固醇水平，这对于预防冠状动脉硬化引起的心脏病具有积极作用。

鉴于乳酸菌的保健功能，乳酸类饮料在市场上受到广泛欢迎。随着消费者对健康饮品需求的增加，植物乳酸饮料应运而生，其中包括以蚕豆为原料的酸乳和乳酸菌饮料。蚕豆酸乳和乳酸菌饮料是将蚕豆经过乳酸菌发酵制成的健康饮品。蚕豆酸乳在口感和营养价值上与酸牛奶类似，乳酸菌饮料是通过酶处理将淀粉转化为葡萄糖，再经过发酵、离心和过滤等工艺制成。这两种饮料不但酸甜可口、气味芳香，而且营养丰富，具有乳酸饮料的固有特点。

蚕豆乳酸菌的主要原料：蚕豆、绵白糖、脱脂奶粉（菌体培养）、琼脂、精盐、柠檬酸、橘子香精（苹果、菠萝等）、糖化酶、淀粉酶、K_2CO_3 或 $NaHCO_3$（用于泡蚕豆）；菌种为保加利亚乳酸杆菌、嗜热乳酸链球菌。

蚕豆酸乳工艺流程：蚕豆→浸泡→脱皮→清洗→蚕豆热处理→

磨浆→过滤→灭菌$\xrightarrow{\text{加糖、奶液、盐液、稳定剂}}$分装→冷却$\xrightarrow{\text{加糖精}}$接菌→发酵→速冻后熟→成品。

蚕豆乳酸菌饮料工艺流程：蚕豆→浸泡→脱皮→清洗→蚕豆热处理→磨浆→过滤→调浆→灭菌→加酶→恒温水浴→灭菌$\xrightarrow{\text{加糖、奶液、盐液}}$分装→冷却$\xrightarrow{\text{加糖精}}$接菌→发酵→离心→过滤→分装→成品。

7. 蚕豆小食品 以干、鲜蚕豆为原料加工而成的小食品，味美价廉、营养丰富，深受人们的喜爱。依据地域差异和食用场合不同，可以加工出上百种风味各异、种类繁多的蚕豆小食品。其中，干蚕豆主要通过油炸、水煮、炒制等方法加工，鲜蚕豆多用于制作各种菜肴。

（1）怪味胡豆。怪味胡豆作为川味系列中的一款著名油炸蚕豆休闲食品，不但在国内市场上受到消费者的青睐，而且多次荣获国际食品博览会的奖项，并跻身中国知名食品推荐榜。其销售网络遍布全国，更远销至我国香港、澳门、台湾以及新加坡等地区。

（2）兰花豆。又称香酥蚕豆或开花豆，是一种在中国各地广受欢迎的休闲食品。它不仅是一种美味的零食，也常作为下酒小菜或节日食品出现在餐桌上，深受各年龄层消费者的喜爱。

（3）玉带蚕豆。玉带蚕豆以其香、辣、酥、脆的独特风味受到消费者的喜爱，其名称来源于蚕豆中部保留的约 2 mm 宽的外皮。

（4）茴香豆。茴香豆是浙江绍兴地区的著名特产，自从鲁迅先生在其文学作品中提到孔乙己与茴香豆的关联后，这种小吃更是名声大噪，成为绍兴乃至整个江南地区的文化象征之一，是人们津津乐道的美食。

（5）五香豆。上海城隍庙的五香豆，是中国著名的传统风味小吃，深受国内外消费者的喜爱和推崇。

(6) 焐烂豆。又名香烂豆，一种流行于长江口的特色风味小吃，以其独特的口感——酥而不糊、熟而不烂，深受食客喜爱。

(7) 炒焙蚕豆。炒焙蚕豆以其亲民的价格和香酥的口感，遍布全国各地，从街头巷尾的小商小贩到超市里精美包装的商品，都能找到它的身影。

8. 蚕豆菜肴 鲜蚕豆以其味道鲜甜、营养丰富和色泽鲜艳而著称，春季末至夏初上市时，成为宴席和家庭餐桌上备受欢迎的时鲜菜肴。这种时令蔬菜不仅在素食中以翠绿清香和软酥鲜美著称，其营养价值和色泽也为菜肴带来视觉和味觉享受。

(1) 翡翠虾饼。翡翠虾饼是一款以虾仁和蚕豆泥为主料的南京特色菜肴。其色泽如翡翠般碧绿，给人以视觉上的享受，口感外酥里嫩，清香鲜美，虾仁的鲜嫩与蚕豆泥的细腻完美结合。

(2) 酥皮蚕豆卷。酥皮蚕豆卷是一道煎炸菜肴，其外层酥脆，内里鲜香，色泽金黄，是一道色香味俱佳的传统美食。蚕豆的清新与火腿、荸荠、香菇的鲜美相结合，形成了独特的口感和风味。猪网油的使用增加了菜肴的丰富度，而蛋清豆粉的包裹则为炸制过程中的酥脆口感提供了关键作用。

(3) 太极蚕豆泥。太极蚕豆泥是一道以蚕豆泥和蛋清为主料的甜菜，体现了中国古老文化的精髓，是一道集美味与文化于一体的佳肴。造型美观，成品呈现太极图形，具有道家文化的象征意义，寓意吉祥如意，万事顺心，口感香甜可口、油润细腻。

(4) 青蚕豆烩乳饼（青蛙跳石板）。青蚕豆烩乳饼（青蛙跳石板）是一道色泽鲜美、风味独特的云南菜肴。乳饼是一种以羊奶或牛奶为主要原料的传统乳制品，在热奶中加入发酵产物酸浆，使奶中的蛋白质凝固，凝固后的奶浆经过压制，去除多余的水分，形成类似豆腐干的质地，尤以云南石林乳饼最为闻名。

(5) 皮带豆（鸡下巴）。皮带豆（鸡下巴）是一道集新鲜、嫩

滑、甜香、麻辣于一体的美食，深受云南地区人民喜爱，是当地流行的传统小吃。

(6) 火腿炖豆尖。火腿炖豆尖是云南大理的特色菜肴，体现了云南菜系的独特风味。红色的火腿与翠绿的蚕豆尖形成鲜明的对比。蚕豆尖的鲜酥与火腿的肉质口感相得益彰。火腿的香气与蚕豆的清香相结合，味道香郁。

(7) 虾仁蚕豆饺。外皮酥脆，内馅鲜嫩多汁，口感层次丰富。炸制后的饺子色泽金黄诱人。融合了虾的海鲜风味和蚕豆的清新，加上火腿和冬笋的香气，风味独特，爽口不腻。

三、蚕豆饲料的加工

蚕豆作为一种高蛋白的豆类，正逐渐成为替代传统蛋白饲料的优选原料。在我国蛋白饲料资源紧张且成本较高的背景下，蚕豆的广泛应用展现出巨大的市场潜力，得益于其高蛋白品质和较低的生产成本，蚕豆不仅能有效补充动物饲料中的蛋白需求，还能降低养殖成本。

蚕豆籽粒和秸秆为饲料加工的主要原材料。其中，籽粒的加工涉及清洗、浸泡、蒸煮、去皮、粉碎等步骤，旨在提升其营养价值和消化吸收率。蚕豆秸秆亦可通过加工转化为动物饲料，增加饲料来源的多样性。随着饲料科技的发展，蚕豆作为饲料原料的应用将更加高效和环保，从而为畜牧业的可持续发展注入新动力。

(一) 蚕豆籽粒饲料的加工

蚕豆是一种富含蛋白质的优质饲料原料，然而籽粒中含有的抗营养因子限制了其在饲料行业的应用范围。通过科学的加工方法可以有效降低或中和这些抗营养因子，从而改善蚕豆的营养价值和结构，提高其在动物饲料中的消化利用率。

1. 蚕豆饲料加工中降低抗营养因子的预处理方法

（1）脱壳处理。单宁作为蚕豆主要的抗营养因子之一，大部分存在于豆壳中。脱壳处理是降低单宁含量最直接有效的途径。Guido 等（2016）的研究表明，脱壳处理后，蚕豆中单宁含量平均降低了20%，同时显著提高了蚕豆的体外消化率和体外中性洗涤纤维消化率。

（2）高温处理。蚕豆中的缩合单宁等抗营养因子在高温下不稳定，容易失去活性。根据 Guido 等（2016）的研究，蒸煮处理能够显著降低蚕豆中的单宁含量，降幅高达 55.57%。挤压膨化也是一种有效的高温处理方法。Alonso 等（2000）的研究表明，与对照组相比，当挤压膨化温度提升至 152 ℃时，蚕豆中的植酸、缩合单宁和多酚含量分别降低了 26.73%、54.36%和 28.57%，差异显著。崔占鸿等（2011）发现，在 121 ℃下膨化处理可以降低蚕豆中的纤维素含量，而对其他成分的影响不显著。这些结果表明，通过优化挤压膨化的温度、时间和湿度，可以显著降低抗营养因子含量。

（3）浸泡处理。浸泡是蚕豆饲料加工中重要的预处理步骤，其通过不同介质的溶剂作用，有效改善蚕豆的营养价值和消化吸收特性。具体来说，浸泡可分为清水浸泡、碱水浸泡、盐溶液浸泡以及含酶溶液浸泡。根据 Abbas 等（2018）的研究，浸泡过程中溶剂渗透到蛋白质和淀粉中，促进蛋白质变性和淀粉糊化，从而使豆类质地变软，更易于动物消化。此外，浸泡还能去除蚕豆中的单宁、植酸和 β-糖苷等抗营养物质，这一点由焦凌梅等（2004）的研究证实。Luo 等（2013）通过使用去离子水、醋酸钠溶液和含植酸酶的醋酸钠溶液对蚕豆进行浸泡处理，发现植酸酶处理在去除脱壳蚕豆中的植酸方面效果最佳，能去除 80%～82%的植酸，同时最大程度地减少了干物质和矿物质的损失。Vidal - Valverde 等（1998）的研究认为，仅通过蒸馏水、柠檬酸和碳酸氢钠溶液的浸泡并不能

降低蚕豆中的植酸含量，只有在蒸煮后，使用柠檬酸处理的蚕豆的植酸含量才显著降低了35%。

(4) 酶制剂。在蚕豆饲料加工中，酶制剂的应用是一种创新方法，旨在提高蚕豆的营养价值和动物的消化吸收效率。酶制剂的作用主要体现在两个方面：一是降低蚕豆中的抗营养因子含量，二是将蚕豆中的大分子物质如纤维素和蛋白质降解为更易被动物消化吸收的较小分子物质。Castanon 等（1989）的研究结果表明，添加酶制剂的蚕豆饲料显著促进了肉仔鸡的生长。值得注意的是，酶制剂本身也是蛋白质，在进入动物体内后可能会受到温度和酸碱环境的影响而失活。因此，在饲料生产过程中，建议在饲料调制初期添加酶制剂进行预处理，以确保其在饲料中的活性和效果。

(5) 生物发酵法。发酵技术也是蚕豆饲料加工中降低或消除蚕豆中抗营养因子的重要方法。研究表明，发酵过程本身可以降低豆类中的抗营养因子含量，同时增加蛋白质、氨基酸和有机酸的含量。刘慧菊等（2020）研究认为，微生物发酵不仅能改善蚕豆粉的营养价值，还能增强其功能特性，为蚕豆粉作为饲料原料的应用提供了新的视角和开发潜力。此外，发酵过程中使用的微生物菌种能够产生特定的酶，这些酶有助于分解蚕豆中的抗营养因子，同时促进营养物质的释放和转化，从而提高蚕豆粉的消化吸收率，发酵还能增加蚕豆粉中的有益微生物和代谢产物，对动物健康和生长性能可能具有积极影响。

2. 蚕豆籽粒饲料加工的工艺流程 原料准备→粉碎→混合调配→制粒→干燥冷却→筛分和包装→仓储。

3. 操作要点

(1) 原料准备。

① 筛选清洗。使用筛分设备将蚕豆籽粒与其他杂质（如石块、木屑、其他种子等）分离。筛分网孔的大小根据蚕豆的粒径确定，以确保能有效去除大颗粒和小颗粒杂质。将筛选后的蚕豆籽粒放入

清洗机中，用水进行清洗。清洗可以使用喷淋或浸泡的方法，以彻底去除表面泥土和浮尘，减少菌类和病虫害的残留。

② 干燥处理。清洗后的蚕豆可以通过自然晾晒、热风干燥机或滚筒干燥机进行干燥，目标是将水分降低到适合粉碎和储存的水平，通常控制在10%～12%。需要注意干燥温度和时间，避免过度干燥导致蚕豆籽粒破碎或营养成分损失。

（2）粉碎。使用粗粉碎机（如锤式破碎机或颚式破碎机）将干燥后的蚕豆籽粒粉碎成较大的颗粒，这一过程旨在缩小蚕豆粒径。粗粉碎后的颗粒应适中，以便后续处理能够顺利进行。使用细粉碎机（如冲击式粉碎机或磨粉机）对粗粉碎后的颗粒进一步粉碎，直至形成较为均匀的细粉末。细粉碎能够增加饲料的表面积，提高消化率。根据饲料的使用要求调整粉碎细度，以确保饲料具有良好的适口性和消化吸收性。

（3）混合调配。

① 添加营养成分。根据饲料的营养需求，添加所需的维生素、矿物质、氨基酸等添加剂。这些添加剂可以通过粉末、液体或颗粒形式添加。根据饲料配方的要求，精确称量和添加各种成分，以满足不同动物对营养的需求。

② 均匀混合。使用混合机（如双螺旋混合机）对蚕豆粉末和营养添加剂进行充分混合。混合时间和速度需要根据设备的规格和混合物的特性进行调整。确保混合均匀，以避免营养成分分布不均，影响饲料的质量和动物的营养摄入。

（4）制粒。

① 调质。将混合好的粉末输入调质器，通过加热（通常为蒸汽加热）和加湿处理，使饲料中的淀粉糊化，蛋白质变性，从而改善饲料的适口性和消化率。调质过程中需要控制温度、湿度和时间，以确保调质效果和饲料质量。

② 制粒。将调质后的饲料通过制粒机（如环模制粒机）进行

制粒。制粒机的模具孔径和压轮的压力可以根据饲料颗粒的要求进行调整。制粒时可以根据需要调整颗粒的直径和长度，通常为4～8 mm。

(5) 干燥冷却。

① 干燥。使用干燥机（如流化床干燥机或带式干燥机）对制粒后的饲料颗粒进行干燥。目的是降低颗粒中的水分含量，通常控制在10%～12%。控制干燥温度和时间，以避免过热或干燥不均导致饲料质量下降。

② 冷却。使用冷却机（如气流冷却机或带式冷却机）对干燥后的饲料颗粒进行冷却。冷却的目的是降低颗粒的温度，防止在储存过程中结块。控制冷却时间和冷却速度，以确保饲料颗粒均匀冷却，保持良好的颗粒形态。

(6) 筛分和包装。

① 筛分。使用筛分机（如振动筛或旋转筛）对冷却后的饲料颗粒进行筛分。筛分的目的是去除不合格的颗粒和粉末，确保饲料颗粒的一致性。设定筛分标准，以确保最终产品的粒度符合要求。

② 包装。选择防潮、防虫的包装材料（如塑料袋、编织袋等），以保证饲料的质量。使用自动包装机对合格的饲料颗粒进行包装，并标注生产日期、配方信息等，以便于管理和使用。

(7) 仓储。将包装好的饲料存放在干燥、通风、防潮、防虫的仓库中。仓库应具备良好的温控和湿控设施，以延长饲料的保质期。定期检查仓库环境和饲料质量，确保饲料在储存期间不会变质。

(二) 蚕豆秸秆饲料的加工

蚕豆秸秆作为一种农业副产品，通过科学的调制加工，可以转变成高营养、高经济价值的生物饲料。这种生物饲料具有青贮饲料特有的发酵香味，适口性好，是牛、羊等家畜的优质饲料，可满足大力发展草食家畜的配套饲草饲料供应需求，具有很高的商品化潜力和推广价值。

1. 工艺流程　原料准备→化学处理→干燥粉碎→混合调配→制粒→干燥冷却→筛分和包装→仓储。

2. 操作要点

（1）原料准备。

① 收获和初步处理。收获蚕豆秸秆（包括豆荚）。确保秸秆已完全干燥，避免过湿。将长秸秆剪切成长度 10～15 cm 的段，便于后续处理。

② 清洗和干燥。对剪切后的秸秆进行清洗，去除泥土和杂质。若不便清洗，可直接进行干燥处理。清洗后的秸秆进行干燥处理，常用方法有自然晾晒干燥、热风干燥或机械干燥，目标水分含量为 10%～15%。

（2）化学处理。

① 碱处理。将干燥后的秸秆浸泡在碱液（如氢氧化钠或氢氧化钙溶液）中。氢氧化钠的浓度通常为 1%～3%，浸泡时间为 12～24 h。确保秸秆充分浸泡在碱液中，使其纤维素和半纤维素发生部分水解，改善秸秆的消化性。

② 中和和清洗。碱处理后，用酸性溶液（如稀盐酸或醋酸）中和残留的碱液，控制酸碱中和反应的程度，避免过度中和。中和后用清水彻底冲洗秸秆，去除残留的化学物质，减少对动物健康的影响。

（3）干燥和粉碎。

① 干燥。使用干燥机（如热风干燥机或滚筒干燥机）将经过化学处理的秸秆进行干燥，降低水分含量至 10%～15%。控制干燥温度和时间，避免过度干燥导致营养成分流失。

② 粉碎。使用粗粉碎机对干燥后的秸秆进行初步粉碎，形成

较大的颗粒。进一步使用细粉碎机将粗粉碎后的秸秆粉碎成细粉末，以提高饲料的适口性和消化率。

(4) 混合调配。

① 添加营养成分。根据饲料配方，添加适量的维生素、矿物质、蛋白质等营养成分，以提高饲料的整体营养价值。

② 混合均匀。使用混合机（如双螺旋混合机）将秸秆粉末和添加剂充分混合，确保饲料成分均匀一致。

(5) 制粒（可选）。

① 调质。将混合好的饲料粉末进行调质处理，通过加热和加湿使饲料成分发生物理变化，提高适口性和消化率。调质过程中控制温度和湿度，确保饲料的物理特性和营养成分不受损害。

② 制粒。使用制粒机将调质后的饲料粉末压制成颗粒，颗粒的形状和大小可以根据饲料需求进行调整。控制制粒机的模具孔径和压轮的压力，确保饲料颗粒的质量和一致性。

(6) 干燥冷却。

① 干燥。如果制粒后需要进一步干燥，可使用干燥机对饲料颗粒进行干燥，降低水分含量至10%～12%。控制干燥温度和时间，避免过度干燥导致颗粒破裂或营养损失。

② 冷却。使用冷却机对干燥后的饲料颗粒进行冷却，防止在储存过程中结块。控制冷却时间和速度，确保颗粒均匀冷却，保持良好形态。

(7) 筛分和包装。

① 筛分。使用筛分机对冷却后的饲料颗粒进行筛分，去除不合格的颗粒和粉末，确保最终产品的均匀性。设定筛分标准，确保饲料颗粒符合要求。

② 包装。选择防潮、防虫的包装材料（如塑料袋、编织袋等），以保证饲料的质量。使用自动包装机对合格的饲料颗粒进行包装，并标注生产日期和配方信息。

（8）仓储。将包装好的饲料存放在干燥、通风、防潮、防虫的仓库中。保持适宜的储存环境，以延长饲料的保质期。定期检查仓库环境和饲料质量，确保饲料在储存期间不会变质或遭受虫害。

四、蚕豆加工的未来应用前景

蚕豆在与动物蛋白的比较中显示出显著的营养健康优势，在未来有望成为一种潜在的完美替代蛋白源。蚕豆富含蛋白，不含胆固醇，具有较低的热量密度，同时富含对心血管健康有益的维生素 C 与植物性铁、钙、镁、锌等矿质元素，以及多种抗氧化物质，有助于减少氧化应激和慢性疾病的风险，满足人体对多种营养素的需求。蚕豆的皂苷含量显著低于大豆，游离氨基酸和总氨基酸消化率分别是大豆蛋白的 2.12 倍和 1.20 倍，表明蚕豆蛋白在消化吸收方面具有显著优势。此外，蚕豆的粗纤维含量是大豆的 1.17 倍，而且大豆是常见的过敏原之一，相比之下，食用蚕豆蛋白的过敏性风险相对较低，并且更有助于消化系统健康、血糖控制和心血管健康。

在动物饲料领域，蚕豆因其蛋白质含量高、糖类丰富，另外含有膳食纤维以及维生素和矿物质等营养成分，展现出广阔的应用前景。蚕豆可以改善动物肠道菌群结构，有效提高动物免疫力和促进生长发育。蚕豆在蛋白质、糖类、膳食纤维、维生素和矿物质含量方面均优于玉米、大麦和高粱等其他作物，特别是蚕豆中的蛋白质含量远远超过其他作物，而且脂肪含量较低。

蚕豆不仅是一种营养丰富的食品，也是一种具有广泛应用前景的优质植物蛋白源，无论是作为人类食品还是动物饲料，都能提供重要的营养补充和健康益处，蚕豆的加工利用在未来拥有广阔的发展前景。

第八节 秸秆利用研究

蚕豆秸秆富含蛋白质、氨基酸、微量元素等营养成分，相比其他农作物秸秆具有较高的利用价值。利用蚕豆秸秆作为肥料还田，可提高土壤肥力，提升作物产量；作为食用菌的生物基质，可提高其产量；通过化学或生物学方法处理的蚕豆秸秆，是猪、羊、牛、鹅等畜禽的高营养饲料；蚕豆秸秆作为一种可再生资源，可用于生产氢气、甲烷等清洁能源，还能制备活性炭。

一、蚕豆秸秆营养品质研究

陈君琛等（1999）发现蚕豆秸秆的蛋白质含量及蛋白质消化率分别为12.5%、76.2%，均高于水稻、玉米、高粱、大麦、小麦、大豆。邓卫东等（2002）对蚕豆秸秆进行了分析，其粗蛋白、粗脂肪和粗灰分含量分别为12.29%、1.23%和2.24%，另外所含的纤维素、粗纤维和半纤维素分别为29.19%、21.90%和8.80%。席冬梅等（2005）研究表明，蚕豆秸秆中钙、磷、钾和镁的含量丰富，分别为1.54%、0.19%、1.11%、0.39%，其中钙和镁的含量远远高于蚕豆籽实。崔占鸿等（2011）对干蚕豆秸秆中的营养成分进行了分析，其中粗蛋白、粗脂肪、粗灰分含量分别为9.75%、1.13%和5.16%。

杨福华等（2023）开展了芽孢杆菌对蚕豆秸秆青贮营养品质的影响研究，结果表明试验筛选到的芽孢杆菌YF-15能够改善蚕豆秸秆青贮饲料营养品质，在蚕豆秸秆发酵方面具有良好的开发和应用前景。

彭锦芬等（2019）开展了蛋白酶以及纤维素酶处理对蚕豆秸秆青贮品质及氨基酸含量的影响研究，结果表明添加0.5%纤维素酶的青贮蚕豆秸秆酸性洗涤纤维含量显著低于其他处理组，且蛋白质含量显著高于其他处理组；不同处理的青贮蚕豆秸秆水解苏氨酸、缬氨酸、甲硫氨酸、苯丙氨酸、异亮氨酸、亮氨酸、赖氨酸以及总氨基酸含量均以添加 0.5%纤维素酶最高。

隋雁南（2016）等开展了不同处理方式对青贮蚕豆秸秆发酵品质和营养成分的影响研究，结果表明在青贮蚕豆秸秆中添加 20%麸皮+40 g/t 乳酸菌+400 g/t 纤维素酶能够改善其发酵品质。

高立芳等（2024）开展了蚕豆秸秆青贮前后营养成分及饲用价值比较研究，结果表明青贮后蚕豆秸秆的 pH 显著下降至 3.86，粗蛋白含量、中性洗涤纤维含量略有提高，差异不显著，酸性洗涤纤维含量显著提高，青贮后乳酸含量为 33.63 g/kg，有少量氨态氮和丁酸产生；蚕豆秸秆青贮后，干物质采食量略低于青贮前，差异不显著；可消化干物质、相对饲喂价值、产乳净能、粗饲料分级指数显著低于青贮前。蚕豆秸秆青贮后饲草品质有所下降，相对饲喂价值由 1 级降为 2 级，粗饲料分级指数由 2 级降为 3 级。由此所得结论为蚕豆秸秆青贮后饲草品质有所下降，但基本能保存其营养物质和饲用价值。

岳信龙等（2016）开展了蚕豆秸秆拉伸膜裹包不同青贮时期营养成分动态变化研究，结果表明 pH 随青贮时间的延长呈现下降趋势，在青贮 210 d 时达到最低值（pH 3.8）；霉变率随青贮时间的延长呈上升状态，在青贮 210 d 时超过 45%；NH_3-N/TN 随青贮时间的延长在 30～60 d 内较明显增加，但总体变化不大，在青贮 90 d 后趋于平缓；粗蛋白含量在青贮 60 d 内明显下降，青贮 90 d 后逐渐趋于平稳；粗脂肪随青贮时间的延长不断积累，但总体变化幅度较小。

廖隽锐等（2023）开展了青贮巨菌草乳酸菌的分离鉴定及其对蚕豆秸秆青贮发酵的效果研究，结果表明筛选鉴定的 R-01 乳酸杆菌具有优良的生长、产酸、抑菌及耐药特性，可使青贮饲料快速酸化，能有效保持饲料营养成分，降低霉菌毒素含量并提升青贮整

体效果，可作为青贮发酵菌株使用。

二、秸秆再利用

杨大林等（2001）研究认为将晒干的蚕豆秸秆粉碎后作为栽培草菇用的培养料配方，其他辅料建堆覆膜发酵成培养料，每100 kg原料可产鲜草菇40 kg，是稻麦草的2～3倍。

陈海平（2004）开展了农作物秸秆粉袋栽平菇的试验，结果表明利用蚕豆秸秆粉部分代替棉籽壳栽培平菇，可以提高鲜菇的产量和经济效益，而且栽培平菇后的废料可作为牲畜饲料和农田有机肥进行二次利用。

韦会平等（2005）利用蚕豆秸秆为主要原料并辅以玉米粉作为栽培灵芝的培养基，由此获得平均生物学效率为62.4%。

杨思存等（2005）研究认为，蚕豆秸秆能有效降低土壤酸度、盐分，减轻可溶性铝对作物的毒害。

Mirja等（2008）研究表明，蚕豆秸秆就地还田可以优化土壤的理化性质，增加土壤中有机质的含量，增加土壤的碳、氮等养分含量，提高作物产量。此外，蚕豆秸秆还具有增加土壤微生物种类及数量，蓄水保墒，防止水土流失的作用。

郭涛等（2014）开展了分根装置中丛枝菌根真菌对蚕豆秸秆降解作用的影响研究，结果表明丛枝菌根真菌可以提高蚕豆秸秆降解量；丛枝菌根真菌和宿主植物形成共生体系后，通过提高土壤酶活性、增加微生物量和增强微生物活性作用于蚕豆秸秆的降解过程，成为造成玉米秸秆降解加快的重要原因，这也表明了丛枝菌根真菌在土壤碳氮循环中的重要作用。

吴迪等（2023）开展了蚕豆秸秆还田减施氮肥对烟田氮流失控制及氮素利用效率的影响研究，结果表明在烤烟—蚕豆轮作模式下，蚕豆新鲜秸秆直接还田和秸秆腐熟后还田均可减少烤烟季30%化学氮肥投入量。

三、秸秆饲料化利用

蚕豆秸秆富含粗纤维，非常适合作为畜禽特别是反刍动物的粗饲料。蚕豆秸秆的处理方法有青贮法、氨化法、微贮发酵法、酶解法等。采用这些方法可以提高秸秆的营养价值和适口性，使畜禽采食量增加，生产性能提高。秸秆的组合搭配，使营养物质得到互补，改善了瘤胃微生物的营养源，促进了微生物对发酵底物的降解。通过添加一定量的非蛋白氮（如尿素）可以提高秸秆转化率；粗饲料间的合理组合搭配，能提高反刍动物对秸秆粗饲料的利用率；适当添加易发酵或高蛋白的饲草（如苜蓿）能够提高蚕豆秸秆的消化率。目前蚕豆秸秆饲料主要用于饲喂猪、羊、牛、肉鹅等动物。

1. 作为猪饲料　侯生珍等（2009）研究认为在满足猪营养需求的基础上，在精料中适量添加蚕豆秸秆饲料，可以节约粮食，提高效益。曹旭敏等（2009）研究发现，添加一定比例的蚕豆秸秆，在哺乳期饲喂母猪，母猪生产性能未受影响，并且有效降低了仔猪的腹泻率，提高了仔猪的生长速度。李淑娟等（2009）研究在母猪妊娠期饲喂精饲料和蚕豆秸秆的混合日粮对母猪生产性能的影响时也得到了同样的结论。

2. 作为羊饲料　刘强等（2010）用蚕豆秸秆养羊，结果表明，用蚕豆秸秆：精料为1：1的配方组成秸秆日粮饲养羊，增重成本最低。潘华彪等（2024）开展了青贮蚕豆秸秆饲养湖羊试验，研究表明青贮蚕豆秸秆60%、40%替代比例的增重率分别为13.54%和4.17%。潘伟丽等（2019）研究了肉羊对氨化处理和微生物处理以及晒干处理蚕豆秸秆的喜食程度，结果表明肉羊更为喜食氨化处理和微生物处理的蚕豆秸秆。何天骏等（2018）开展了青贮蚕豆秸秆对湖羊生产性能的影响研究，结果表明青贮蚕豆秸秆饲料具有特殊清香味以及松软等特性，适口性更好，利用青贮蚕豆秸秆作为粗饲料的试验组羊只平均日增重提高10%。

郭云霞等（2021）开展了蚕豆秸秆作为粗饲料对绵羊生长性能、养分消化及胴体性状的影响研究，结果表明蚕豆秸秆组绵羊日增重、饲料效率及干物质、有机物、中性洗涤纤维和酸性洗涤纤维摄入量显著高于小麦秸秆组；该研究在全混合日粮中用蚕豆秸秆完全替代小麦秸秆可以通过改善绵羊养分表观消化率提高体重和饲料效率，同时提高屠宰体重和背膘厚度。

3. 作为牛饲料 牛是反刍动物，蚕豆秸秆粗饲料的喂养效果好，可以给牛提供充足的粗纤维。邓卫东等（1999）研究发现，用尿素处理蚕豆秸秆，粗纤维在尿素作用下发生氨解反应，氨化后的蚕豆秸秆粗蛋白含量提高4%～6%，并且改善了适口性和消化率。Mirja等（2008）研究认为，蚕豆秸秆粗饲料的粗蛋白含量为9.75%，可满足牛对饲料蛋白质含量的要求（不低于8%），体外干物质消化率相比其他秸秆的高，达40.80%。

4. 作为肉鹅饲料 罗富成等（1994）用蚕豆秸秆粉代替饲料中的部分粮食来饲养肉鹅，与全价饲料相比，其肉鹅日增重降低，但节粮效果显著，平均每增加1 kg活体重，可节约粮食0.34～0.73 kg，另外，蚕豆秸秆粉占饲料的比重太高会影响肉鹅的育肥效果，试验结果表明以15%的比重为宜。

四、其他

蚕豆秸秆是一种富含有机质的生物质能源，可用于发酵产甲烷等可再生能源。张无敌等（2008）在厌氧条件下对蚕豆秸秆等废弃物进行厌氧发酵产氢。罗义轩等（2013）发现蚕豆秸秆产气率高于豌豆、高粱和油菜，产沼气潜力最大。蚕豆秸秆还可用于制备活性炭，制作出的木质活性炭相比其他活性炭有更大的比表面积和更好的吸附性能。如彭金辉等（1999）用氯化锌浸渍蚕豆秸秆粉12 h，然后微波辐照8 min，活性炭得率可达20%。

第九节　其他方面的研究

一、密度试验

李汉美等（2014）通过控制播种量和分枝数调节栽培密度，对蚕豆生育期、蚕豆个体发育、产量等方面进行调查研究，结果表明1粒种子，6个分枝，株距35 cm，行距75 cm时（每亩约2 700株、用种2 700粒），蚕豆个体发育较好，单株有效荚数、单株总荚重和产量达到较高水平。相同分枝条件下，不同播种量之间蚕豆个体发育和产量并无显著差异。

二、高产研究

胡新洲等（2020）开展了不同栽培方式对山地鲜食蚕豆产量及经济效益的影响研究，总结出了以改变播种时间、除草技术、播种量等为主的高效栽培技术，从而提升了产量、降低了生产成本。该技术首先是改变播种时间，将蚕豆传统播种时间从10月10日提早到9月1日，9月是玉溪雨、光、热等资源较为丰富的时间段，在云南中海拔山区提早播种能很好地抢到夏秋雨水，避过冬春干旱和1月下旬至2月上旬的重霜期，较易满足蚕豆全生育阶段所需的光、温、水、肥等条件而获得高产。高效栽培全生育期较传统栽培延长22 d，株高、鲜籽粒百粒重等重要农艺性状均明显优于传统栽培，尤其是单株实荚数（9.2荚）比传统栽培（3.9荚）多5.3荚，表明高效栽培能很好地进行营养生长从而获得较高产量。高效栽培采摘鲜荚时间为12月4日至翌年1月25日，采摘期为53 d，能较好地避过重霜期，获得较高产量，在此期间很少有鲜食蚕豆上市，并且正值元旦、春节市场需求旺盛期。

袁璟亚等（2022）开展了花期不同打尖层数对蚕豆农艺性状及产量的影响研究，结果表明随着花期打尖层数的增加，蚕豆株高逐

渐增加；单株总荚数、总分枝数、有效分枝数和百粒重均先增后减，始荚高度、单荚粒数、总分枝数、主茎节数和荚长受打尖处理影响较小；产量也呈先增加后降低的趋势，并在打尖层为第 8 层时达到最大值。相关性分析表明，蚕豆产量与百粒重、有效分枝数和单株总荚数呈显著正相关，株高与百粒重也呈显著正相关；回归分析表明，打尖层数与蚕豆产量的关系均为开口向下的抛物线，最适打尖层为第 8～9 层。

第三章 PART THREE

育成品种

自 20 世纪以来，我国育种者开展了蚕豆新品种选育工作。各地结合产业需求，育成了一大批品种，主要分为春性、秋播强冬性、秋播弱冬性品种三个类型。本书收集了国内各地育种单位育成的品种 75 个，其中春性品种 15 个、秋播强冬性品种 21 个、秋播弱冬性品种 39 个。以下品种介绍按品种的生态特性归类，并按品种百粒重大小降序排列。

第一节 春性品种

1. 青蚕 14

品种来源：青海省农林科学院、青海鑫农科技有限公司、青海昆仑种业集团有限公司以 72－45 为母本、以日本寸蚕为父本进行有性杂交，经多年选育而成。登记编号 GPD 蚕豆（2017）630004。

特征特性：属中熟品种，生育期 110～125 d。幼苗直立，幼茎浅绿色，主茎绿色、方形，叶姿上举，株型紧凑。总状花序，花白色，旗瓣白色，脉纹浅褐色，翼瓣白色，中央有一黑色圆斑，龙骨瓣白绿色。成熟荚黑色。种皮有光泽，半透明，脐黑色。籽粒乳白色、中厚形，长 2.6 cm、宽 1.9 cm，百粒重 225.5 g。干籽粒粗蛋白含量 27.23%，粗淀粉含量 41.19%。中抗赤斑病，耐冷性中等，耐旱性中等。

产量表现：第 1 生长周期亩产 379.28 kg，比对照青海 11 增产

11.84%；第2生长周期亩产356.48 kg，比对照青海11增产5.4%。

适宜地区：适合在青海省具有灌溉条件的地区或阴湿地区春季种植。

2. 青蚕15

品种来源：青海省农林科学院、青海鑫农科技有限公司以地方蚕豆品种湟中落角为母本、以品系96－49为父本，经有性杂交选育而成。2013年经青海省农作物品种审定委员会审定通过，审定编号青审豆2013001；品种权号CNA20100356.4，品种登记编号GPD蚕豆（2017）630006。

特征特性：籽粒大且均匀，荚多，种皮有光泽，商品性好，百粒重220 g左右。紫茎、紫花。粗蛋白含量31.19%，粗淀粉含量37.20%。冬、春蚕豆中抗赤斑病，春蚕豆耐旱性中等。

产量表现：第1生长周期亩产291.5 kg，比对照青海11增产6.38%；第2生长周期亩产301.5 kg，比对照青海11增产6.22%。

适宜地区：适合在青海省东部农业区水地、中部山旱地覆膜春季种植。

3. 春蚕2号

品种来源：宁夏春润种业有限公司、宁夏博源农业发展专业合作社通过常规杂交育种程序育成的粮菜兼用型蚕豆品种，组合为贵农七星豆/C13。登记编号GPD蚕豆（2024）640013。

特征特性：春性，早熟，全生育期146 d。叶绿色，花（旗瓣）白色。分枝多，单株有效分枝数4.2个。株高68.76 cm，百粒重205.23 g。单株有效荚数11.6个，单荚粒数5.2粒，成熟荚黑色，硬荚。籽粒阔薄形，种皮黄色。子叶绿色。粗蛋白含量23.00%，粗淀粉含量44.40%。中抗锈病和赤斑病，耐冷性、耐旱性中等。

产量表现：第1生长周期亩产313.7 kg，比对照保蚕豆5号增产7.14%；第2生长周期亩产297.5 kg，比对照保蚕豆5号增产4.39%。

适宜地区： 适合在西北生态区宁夏，西南生态区云南、贵州、四川春季种植。

4. 青海12

品种来源： 青海省农林科学院于1990年以（青海3号×马牙）为母本、以（74－45×英国176）为父本进行有性杂交，经多年选育而成。登记编号GPD蚕豆（2017）630005。

特征特性： 春性，中熟，生育期110～125 d。幼苗直立，幼茎浅紫色。主茎浅紫色、方形。株高104.4～145.3 cm。单株有效荚数14～15个。荚果着生状态为半直立型。荚长10～12 cm，荚宽2.0～2.4 cm。每荚2.1～2.3粒。成熟荚黑色。百粒重195～200 g。籽粒粗蛋白含量26.50%，淀粉含量47.58%，脂肪含量1.47%，粗纤维含量7.37%。中抗褐斑病、轮纹病、赤斑病。耐旱性中等。

产量表现： 第1生长周期亩产271.03 kg，比对照青海10号增产2.98%；第2生长周期亩产299.78 kg，比对照青海10号增产7.46%。

适宜地区： 适合在青海省川水地及中位山旱地蚕豆产区春季种植。

5. 陵西一寸

品种来源： 青海省农林科学院作物研究所于1997年从日本引进，经提纯复壮和混合选育而成。品种合格证号为青种合字第0152号。

特征特性： 幼苗直立，幼茎浅绿色。主茎绿色，方形。株高110.69～113.31 cm。叶姿上举，株型紧凑。主茎始花节位为第4～6节，终花节位为第9～11节。单株有效荚数9～11个，荚果着生状态为半直立型。荚为大荚型，鲜荚荚长10.5～17.9 cm、荚宽2～5 cm，成熟荚长9.85～10.75 cm、荚宽2.46～2.54 cm，每荚1～3粒。鲜粒长3.4～4.0 cm，宽2.25～2.75 cm；种子长2.40～

2.46 cm，宽 1.67～1.71 cm。百粒重 195～200 g，生育期 96～104 d。粗蛋白含量 28.85%，粗淀粉含量 46.24%，粗脂肪含量 1.23%，粗纤维含量 7.10%，粗灰分含量 2.78%。中抗锈病、赤斑病、褐斑病和轮纹病，耐冷性中等，耐旱性中等。

产量表现：第 1 生长周期亩产 130 kg，比对照仁德一寸增产 10.2%；第 2 生长周期亩产 123 kg，比对照仁德一寸增产 16.1%。

适宜地区：在我国蚕豆秋播区和春播区均能种植。

6. 青蚕 28

品种来源：青海大学、青海省农林科学院以引进资源 166 为基础材料系统选育的粮菜兼用型蚕豆品种。登记编号 GPD 蚕豆（2024）630003。

特征特性：全生育期 150 d。叶绿色，花（旗瓣）白色。分枝少，单株有效分枝数 2.5 个。株高 127.99 cm，百粒重 194.80 g。单株有效荚数 10.5 个，单荚粒数 2.8 粒，成熟荚褐色，荚质硬荚。籽粒阔薄形，种皮绿色。子叶淡黄色。粗蛋白含量 28.98%，粗淀粉含量 42.30%。中抗赤斑病（冬、春蚕豆）。

产量表现：第 1 生长周期亩产 439.7 kg，比对照陵西一寸增产 91.36%；第 2 生长周期亩产 392.0 kg，比对照陵西一寸增产 30.58%。

适宜地区：适合在青海海拔 2 800 m 以下春季种植。

7. 漠蚕 1 号

品种来源：酒泉大漠种业有限公司以 MD23 - 5 为母本、以 MD144 为父本培育而成的蚕豆品种。登记编号 GPD 蚕豆（2018）620020。

特征特性：中熟大粒品种，春性强，全生育期 127 d 左右，株型紧凑，株高 145 cm，单株有效分枝数 1～3 个，茎粗 1.2 cm 左右，幼茎绿色，叶色浅绿色，叶片椭圆，花浅紫色，始荚节位 28 cm，荚呈半直立型，单株结荚 9～13 个，单株粒数 28 粒左右，粒长 2.2 cm，粒宽 1.5 cm，百粒重 192 g，籽粒饱满整齐，种脐黑色。含粗蛋白

31.2%、粗淀粉 48.72%、赖氨酸 1.75%、脂肪 2.1%、灰分 2.85%。抗赤斑病，高抗叶部病害，耐旱性中等。

产量表现：第 1 生长周期亩产 361.5 kg，比对照临蚕 6 号增产 7.9%；第 2 生长周期亩产 358.7 kg，比对照临蚕 6 号增产 8.2%。

适宜地区：适合在甘肃定西、临夏、白银、武威、金昌、张掖、酒泉春季种植。

8. 九粒米

品种来源：亲本为 B-06（国外引进的中熟自交系），由甘肃田福农业科技开发有限公司选育而成。登记编号 GPD 蚕豆（2018）620018。

特征特性：植株生长势强，结荚集中，主要分布在植株基部，中上部结荚较少；荚形长且匀称，单荚籽粒 9 粒左右。鲜豆粒大型，颜色翠绿。一般单株分枝数 5～7 个，每个分枝结荚 5～7 个，单株荚数 35 个左右，单株鲜荚产量 0.5 kg 左右，成熟期较为一致。鲜籽粒百粒重 450 g 以上，干籽粒百粒重 190～220 g。干籽粒粗蛋白含量 25.6%，粗淀粉含量 16.8%，鲜籽粒粗蛋白含量 20.3%，粗淀粉含量 13.2%。抗锈病，中抗赤斑病，耐褐斑病，耐冷、抗旱。

产量表现：第 1 生长周期亩产 800 kg，比对照通鲜 6 号增产 16.7%；第 2 生长周期亩产 700 kg，比对照通鲜 6 号增产 7.7%。

适宜地区：适合在甘肃武威、庆阳、酒泉春季播种。

9. 益民蚕豆 9 号

品种来源：内蒙古杭锦后旗益民种子有限责任公司利用 9817-9×牛豆角杂交的后代，经系谱选择育成的干籽粒型蚕豆品种。登记编号 GPD 蚕豆（2019）150006。

特征特性：生育期 120 d 左右，单株分枝数 2～3 个，结荚部位低，单株荚数一般 10.2 个，荚长圆形，形状像肾，半直立生长，青荚绿色，成熟荚黄褐色，荚长度一般 10.2 cm，单荚粒数 2～3

粒，百粒重 182 g 左右，种皮颜色灰黄色，粒形长椭圆，种脐颜色黑灰色，株型紧凑，喜肥喜水。根系发达，抗倒伏。粗蛋白含量 28.5%，粗淀粉含量 42.2%。中抗赤斑病。

产量表现：第 1 生长周期亩产 370.6 kg，比对照崇礼蚕豆增产 3.43%；第 2 生长周期亩产 381.28 kg，比对照崇礼蚕豆增产 5.15%。

适宜地区：适合在内蒙古、甘肃、山西≥10 ℃活动积温 2 300 ℃以上的地区春季种植。

10. 甘蚕 60

品种来源：武威丰田种业有限责任公司以临夏大蚕豆为母本、以加拿大 321－2 为父本进行有性杂交，经系统选育而成的干籽粒型蚕豆品种。登记编号 GPD 蚕豆（2023）620018。

特征特性：全生育期 115 d。叶绿色，花（旗瓣）白色。分枝少，单株有效分枝数 3 个。株高 132 cm，百粒重 165 g。单株有效荚数 12 个，单荚粒数 3 粒，成熟荚褐色，硬荚。籽粒阔薄形，种皮乳白色。子叶淡黄色。粗蛋白含量 23.10%，粗淀粉含量 50.80%。中抗赤斑病，中抗根腐病。

产量表现：第 1 生长周期亩产 339.1 kg，比对照临蚕 10 号增产 10.40%；第 2 生长周期亩产 380.7 kg，比对照临蚕 10 号增产 12.60%。

适宜地区：适合在高寒阴湿区、半干旱生态区甘肃、新疆、内蒙古、河北蚕豆产区春季种植。

11. 青蚕 16

品种来源：青海省农林科学院、青海鑫农科技有限公司、青海昆仑种业集团有限公司以马牙为母本、以 Flip88－243FB 为父本进行有性杂交，经多年选育而成的干籽粒型蚕豆品种。登记编号 GPD 蚕豆（2019）630005。

特征特性：春性，生育期 110 d 左右；株高 50～60 cm，有限生长型；单株有效分枝数 4～5 个，单株荚数 10～15 个；单荚粒数 2～3 粒；籽粒乳白色，百粒重 140～150 g。干籽粒粗蛋白含量 31.03%，粗淀粉含量 45.35%。中抗赤斑病（冬、春蚕豆），耐旱性中等（春蚕豆）。

产量表现：第 1 生长周期亩产 286.4 kg，比对照平均增产 3.51%；第 2 生长周期亩产 315.5 kg，比对照平均增产 9.32%。

适宜地区：适合在北方春蚕豆区青海海东、西宁、海南、海西海拔 2 800 m 以下的地区春季种植。

12. 青蚕 18

品种来源：青海省农林科学院、青海鑫农科技有限公司、青海昆仑种业集团有限公司以意大利蚕豆资源 3290 为基础材料育成的干籽粒型蚕豆品种。登记编号 GPD 蚕豆（2019）630004。

特征特性：春播区生育期 122～125 d。株型紧凑，株高 90～100 cm，平均单株有效分枝数 2.5～3.3 个，单株荚数 15 个以上，单株粒数 35～45 粒，单荚粒数 3～4 粒，单株粒重 50～60 g，籽粒白色，百粒重 130～140 g。平均蛋白质含量 30.72%，淀粉含量 40.60%。干籽粒粗蛋白含量 28.1%，粗淀粉含量 44.2%，中抗赤斑病（冬、春蚕豆），耐旱性（春蚕豆）中等。

产量表现：第 1 生长周期亩产 290.2 kg，比对照平均增产 9.32%；第 2 生长周期亩产 360.9 kg，比对照平均增产 3.79%。

适宜地区：适合在北方春播区青海海东、西宁、海南海拔 2 800 m以下的地区春季种植。

13. 马牙

品种来源：湟源县种子站、湟源县农业技术推广中心以湟源地方特色品种为基础材料选育而成。登记编号 GPD 蚕豆（2017）630001。

特征特性：株高 126.5～140.5 cm，单株有效分枝数 2.61～3.01 个，有效分枝率 80.00%，单株粒数 15.2～24.8 粒，单株产量 24.57～27.43 g，百粒重 130～140 g。籽粒粗蛋白含量

28.20%，淀粉含量 47.30%，粗脂肪含量 1.48%。种皮乳白色，有光泽，半透明，籽粒呈中厚形，似马齿。高抗赤斑病（冬、春蚕豆）。

产量表现： 第 1 生长周期亩产 197.57 kg，比对照青海 9 号增产 14.73%；第 2 生长周期亩产 196.97 kg，比对照青海 9 号增产 6.24%。

适宜地区： 适合在青海省海拔 2 500～2 900 m 的山旱地种植。

14. 青海 13

品种来源： 青海省农林科学院、青海鑫农科技有限公司 1999 年以中早熟地方蚕豆品种马牙为母本，以引进的多荚晚熟品种戴韦为父本进行有性杂交选育而成。2009 年通过青海省农作物品种审定委员会审定（青审豆 2009001）。登记编号 GPD 蚕豆（2017）630007。

特征特性： 春性，早熟。植株高度 1.0～1.2 m。花白色，基部粉红色。结荚部位低，单株双（多）荚数多，荚粒数多，每荚 3～4 粒。成熟荚质硬，适于机械收获或脱粒。种皮有光泽，半透明，脐白色，粒乳白色，中厚形。百粒重 90 g 左右。粗蛋白含量 30.19%，粗淀粉含量 46.49%。中抗褐斑病、轮纹病、赤斑病，耐旱性中等。

产量表现： 第 1 生长周期亩产 287.35 kg，比对照马牙增产 11.08%；第 2 生长周期亩产 296.35 kg，比对照马牙增产 10%。

适宜地区： 适合在青海省海拔 2 700～2 800 m 的中、高位山旱地春季种植。

15. 青蚕 19

品种来源： 青海省农林科学院、青海昆仑种业集团有限公司以子叶颜色绿色、结荚部位高且相对集中、丰产性好的加工专用且适于机械化收割为育种目标选育的干籽粒型蚕豆品种。母本为云南省新平县地方蚕豆品种云南新平绿豆，父本为意大利引进优异种质资源 3290。登记编号 GPD 蚕豆（2019）630007。

特征特性：绿子叶蚕豆，籽粒均匀，结荚集中且始荚部位较高，成熟一致，适合机械化生产。春播区生育期120～123 d。株型紧凑，株高79.4 cm，单株分枝数3.5个，单株荚数12.5个，单株粒数27.1粒，单荚粒数3.2粒，单株粒重32.6 g，籽粒灰黄色，平均百粒重70～80 g。粗蛋白含量29.49%，粗淀粉含量42.58%。无锈病，中抗赤斑病，无耐冷性，耐旱性中等。

产量表现：第1生长周期亩产303.56 kg，比对照平均增产17.35%；第2生长周期亩产333.34 kg，比对照平均增产6.69%。

适宜地区：适合在北方春蚕豆区青海中低海拔地区春季种植。

第二节　秋播强冬性品种

1. 海青1号

品种来源：江苏省农业科学院、江苏中江种业股份有限公司南通分公司以日本引进品种日本青中为基础材料，经系统选育而成的蚕豆品种。登记编号GPD蚕豆（2018）320019。

特征特性：大粒早熟鲜食蚕豆，全生育期200 d左右。生长繁茂，分枝能力强；花紫色，鲜豆种皮绿色，每荚3～4粒（3粒为主），干籽粒百粒重250 g左右，鲜籽粒百粒重500 g左右，一般每亩鲜豆荚产量900～1 100 kg，鲜籽粒产量380～420 kg。干籽粒粗蛋白含量20%～27%，粗淀粉含量42%～46%，鲜籽粒粗蛋白含量27%～30%，粗淀粉含量53%～55%。抗锈病、赤斑病，耐冷性中等。

产量表现：第1生长周期亩产1 082 kg，比对照南通牛踏扁增产9.21%；第2生长周期亩产952 kg，比对照南通牛踏扁增产10.32%。

适宜地区：适合在江苏秋季种植。

2. 通鲜1号

品种来源：江苏沿江地区农业科学研究所以地方品种海门大白

皮为基础材料，经系统选育的鲜籽粒型蚕豆品种。登记编号 GPD 蚕豆（2019）320010。

特征特性：播种至青荚采收 205 d，株高 95.4 cm，主茎节数 16.3 个，主茎分枝数 6.43 个。单株结荚 9.97 个，荚长 11.0 cm，荚宽 3.0 cm，每荚 2.0 粒，百荚重 2 406.6 g，出籽率 36.39%，鲜籽粒百粒重 467.9 g，籽粒长 3.3 cm，籽粒宽 2.3 cm。口感香甜柔糯。干籽粒粗蛋白含量 34.37%，粗淀粉含量 35.72%，鲜籽粒粗蛋白含量 12.03%，粗淀粉含量 15.84%，粗脂肪含量 0.48%，总糖含量 1.83%，还原糖含量 0.26%。田间病害发生较轻，具抗倒性，耐低温特性较好。

产量表现：第 1 生长周期亩产 1 013 kg，比对照日本一寸豆增产 24.8%；第 2 生长周期亩产 915.4 kg，比对照日本一寸豆增产 22.2%。

适宜地区：适合在蚕豆秋播区江苏、浙江、上海、福建秋季种植。

3. 丽蚕 1 号

品种来源：丽水市农林科学研究院以大粒蚕豆品种陵西一寸为母本，以优良长荚、大粒、分枝相对较少、产量一般的 Fall－8 为父本进行杂交配组，经多年系统选育而成的秋播大粒鲜食型蚕豆品种。2016 年 1 月通过浙江省农作物品种审定委员会审定，审定编号浙（非）审豆 2015001。

特征特性：全生育期 210 d 左右，鲜食青荚生育期 170 d 左右，中熟。株高中等，97.3 cm 左右，叶片较大，茎秆粗壮，结荚高度中等；花浅紫色，单株分枝数 8.5 个，每荚粒数 2.58 粒左右，2 粒以上荚占 85.4%；鲜荚长 12.87 cm、宽 2.68 cm；单荚重 35.10 g。鲜籽粒浅绿色，煮食香甜柔糯，口味好，百粒重 461.47 g。干籽粒种皮浅褐色，黑脐，籽粒较大，百粒重 205 g 左右。品质优良，蛋白质含量 95.0 g/kg，淀粉含量 127.7 g/kg，总氨基酸含量 7.98%。

中抗赤斑病和枯萎病，抗锈病和病毒病，抗倒伏性较好。

产量表现：第 1 生长周期亩产 1 101.4 kg，比对照慈蚕 1 号增产 10.39%；第 2 生长周期亩产 1 108.3 kg，比对照慈蚕 1 号增产 10.53%。

适宜地区：适合浙江省蚕豆种植区种植，其他区域可进行适应性试验后推广种植。

4. 丽蚕 3 号

品种来源：丽水市农林科学研究院以陵西一寸为基础材料，利用自然变异选择育种法育成的中熟菜用蚕豆品种。2020 年 1 月获得农业农村部非主要农作物品种登记。登记编号 GPD 蚕豆（2019）330023。

特征特性：植株高 95 cm，花瓣紫色，单株有效分枝数 8 个左右；始荚节位为第 3～4 节，单株荚数 22 个，单荚粒数 2～3 个，单荚鲜重 35 g 左右，荚长 12.8 cm 左右，鲜籽粒种皮浅绿色，种脐黑色，鲜籽粒百粒重 460 g，播种至采收 180 d 左右。中熟，结荚性强，常规栽培比其他品种结荚多 10%以上，且荚扁直，商品荚率 90%左右，高产优势明显。

产量表现：2013—2015 年在浙江省丽水市莲都区、丽水市青田县和宁波市进行区域试验，露天栽培，平均亩产 1 104.9 kg，比对照双绿 5 号平均增产 16.9%，2015 年秋季在丽水部分地区进行生产试验，平均亩产 1 049 kg，比对照双绿 5 号增产 9.8%。

适宜地区：适合在浙江、江苏、上海、福建等地作为秋播鲜食蚕豆种植。

5. 慈蚕 1 号

品种来源：慈溪市种子公司用白花大粒的变异单株经系统选育而成的鲜食蚕豆品种。认定编号浙认豆 2007001。

特征特性：植株长势旺，株高约 90 cm，叶片厚，单株有效分枝数 8～10 个；花瓣白色，花托粉红色，单株有效荚数 15～20 个，单荚重 35.7 g，2～3 粒荚约占 90%，荚长 13 cm 左右；鲜籽粒淡绿色，长约 3.0 cm，宽 2.2～2.5 cm，厚 1.3 cm 左右，鲜籽粒百粒重 450 g 左右；种皮淡褐色，种脐黑色，干籽粒百粒重 190～220 g。全生育期约 230 d，播种至鲜荚采收 200 d 左右。

产量表现：经多点品种比较试验，鲜荚平均亩产 953.7 kg，比对照白花大粒增产 17.8%。一般大田鲜荚亩产 900 kg 左右。

适宜地区：适合在浙江省种植。

6. 东方早生

品种来源：南通东方种业有限公司以 760001－3 为母本、以 760008－10 为父本，经多年培育而成的秋播大粒鲜食蚕豆品种。登记编号 GPD 蚕豆（2018）320009。

特征特性：全生育期约 208 d（采收鲜荚生育期 200 d）。花紫色，大荚大粒，鲜荚长 13～15 cm，鲜荚宽 2.5～2.6 cm；鲜籽粒种皮浅绿色，鲜籽粒百粒重 420～440 g；干籽粒种皮褐色，种脐褐色。鲜籽粒蛋白质含量 27.9%，淀粉含量 56.1%，脂肪含量 1.2%。中抗赤斑病、锈病，较耐白粉病，耐寒性中等，耐旱性中等。

产量表现：第 1 生长周期亩产 1 213.5 kg，比对照陵西一寸增产 20.0%；第 2 生长周期亩产 1 268.9 kg，比对照陵西一寸增产 22.9%。

适宜地区：适合在江苏如东 10 月 10—30 日播种种植。

7. 东方大粒

品种来源：南通东方种业有限公司以 760001－3 为母本、以 760002－5 为父本，经多年培育而成的秋播大粒鲜食蚕豆品种。登记编号 GPD 蚕豆（2018）320010。

特征特性：全生育期约 220 d（采收鲜荚生育期 204 d）。株高 86 cm，花白色，大荚大粒，鲜荚长 14～15 cm、宽约 2.6 cm，鲜籽粒种皮浅绿色，鲜籽粒百粒重 420～440 g；干籽粒种皮褐色，种脐黑色。鲜籽粒蛋白质含量27.8%，淀粉含量56.5%，脂肪含量1.2%；中抗赤斑病、锈病，较耐白粉病，耐冷性中等，耐旱性中等。

产量表现：第1生长周期亩产1 243.6 kg，比对照大黄河增产24.2%；第2生长周期亩产1 293.4 kg，比对照大黄河增产26.6%。

适宜地区：适合在江苏如东10月10—30日播种种植。

8. 初姬

品种来源：南通东方种业有限公司以760006－15为母本、以760012－4为父本培育的秋播大粒鲜食蚕豆品种。登记编号GPD蚕豆（2018）320011。

特征特性：全生育期约220 d（采收鲜荚生育期204 d）。株高88 cm，花白色，大荚大粒，鲜荚长13～15 cm，鲜荚宽2.5～2.6 cm，鲜籽粒种皮浅绿色，每荚粒数3粒为多，鲜籽粒百粒重420～440 g；干籽粒种皮红色，种脐黑色。鲜籽粒蛋白质含量27.1%，淀粉含量54.7%，脂肪含量1.2%。耐寒性中等，中抗赤斑病、锈病，较耐白粉病，耐冷性中等，耐旱性中等。

产量表现：第1生长周期亩产1 233.4 kg，比对照鹿儿岛增产13.6%；第2生长周期亩产1 206.8 kg，比对照鹿儿岛增产22.3%。

适宜地区：适合在江苏如东10月10—30日播种种植。

9. 浙蚕1号

品种来源：浙江省农业科学院（浙江省数字旱粮重点实验室）以平湖大青皮为基础材料，经多年系统选育而成的鲜食蚕豆品种。

特征特性：长势中强，株高90～100 cm，单株有效分枝数8～10个，茎秆中等，叶色深绿，叶椭圆形，上部叶片较小。白花，花托浅粉红色；结荚部位低而集中，单株结荚数18～25个，3粒荚及以上比例占45%以上。鲜荚长约15 cm、宽约2.7 cm，荚形条直匀称，鲜粒浓绿色，鲜籽粒百粒重420 g左右，全生育期195 d，干荚长14.43 cm，干籽粒百粒重204.45 g。

产量表现：2017年和2018年分别在丽水（莲都）、东阳和杭

州进行多点品种比较试验，每亩鲜荚平均产量 1 178.9 kg，比对照慈蚕 1 号增产 28.8%。

适宜地区：适合在浙江省及同类型生态地区种植。

10. 东方青粒

品种来源：南通东方种业有限公司以 JAP021-10 为母本、以 LD302-15 为父本培育的蚕豆品种。登记编号 GPD 蚕豆（2018）320024。

特征特性：分枝能力强，叶色中绿，叶形椭圆，花白色，干籽粒种皮绿色，种脐黑色。株高 90.2～92.6 cm，单株有效分枝数 8～9 个，鲜荚长 14.4～14.7 cm，单枝荚数 3～4 个，鲜籽粒百粒重 418～436 g。干籽粒粗蛋白含量 28.4%，粗淀粉含量 56.5%；鲜籽粒粗蛋白含量 27.3%，粗淀粉含量 55.2%，脂肪含量 1.2%。中抗锈病、赤斑病，抗病毒病，耐冷性中等，耐旱性中等。

产量表现：第 1 生长周期鲜荚亩产 1 158.3 kg，比对照 JAP021 增产 16.2%；第 2 生长周期鲜荚亩产 1 276.7 kg，比对照 JAP021 增产 24.1%。

适宜地区：适合在江苏秋季种植。

11. 通蚕鲜 6 号

品种来源：江苏沿江地区农业科学研究所以紫皮蚕豆为母本、以日本大白皮为父本创制的鲜籽粒型蚕豆品种。登记编号 GPD 蚕豆（2018）320003。

特征特性：株高中等，成株高 85 cm 左右。单株分枝数 3.9 个，单株结荚 9 个，单荚重 20～25 g，每荚粒数 1.95 粒左右，荚长 12 cm 左右、宽 2.8 cm，鲜籽粒长 3.0 cm、宽 2.2 cm，干籽粒百粒重 195 g，鲜籽粒百粒重 411 g，紫花、浅紫皮、黑脐，全生育期 220 d 左右。中后期根系活力强，耐肥，青秸成熟、不裂荚，熟相和丰产性好。鲜籽粒粗蛋白含量 30.2%，粗淀粉含量 51.8%，脂肪含量 1.3%，单宁含量 0.525%。感锈病，中抗赤斑病，对病毒病抗性一般，不抗根腐病，耐冷性一般。

产量表现：第 1 生长周期亩产 1 061.8 kg，比对照日本大白皮增产 3.49%；第 2 生长周期亩产 748.2 kg，比对照日本大白皮减产 0.17%。

适宜地区：适合在江苏、浙江、福建、安徽、湖北、江西、广西、重庆、贵州冬蚕豆区作为鲜食蚕豆种植。

12. 通蚕鲜 7 号

品种来源：原编号 03010，江苏沿江地区农业科学研究所以（93009/97021）F_2//97021 回交选育而成的秋播鲜食大籽粒型蚕豆品种。登记编号 GPD 蚕豆（2018）320004。

特征特性：全生育期 220 d 左右（鲜食青荚生育期 209.4 d），中熟。株高中等，株高 96.7 cm 左右，叶片较大，茎秆粗壮，结荚高度中等。花色浅紫花，单株分枝数 4.6 个，单株结荚数 15.2 个，单株产量 263.8 g，每荚粒数 2.27 粒左右，其中 1 粒荚占 19.5%，2 粒及以上荚占 80.5%；鲜荚长 11.81 cm、宽 2.55 cm；常年百荚鲜重 4 000 g 左右，鲜籽粒长 3.01 cm、宽 2.18 cm；常年鲜籽粒百粒重 410～450 g，鲜籽粒绿色，煮食香甜柔糯，口味好。干籽粒百粒重 205 g 左右。品质优良，鲜籽粒蛋白质含量 30.5%，淀粉含量 53.8%，单宁含量 0.47%，脂肪含量 0.9%。抗赤斑病，中抗锈病，耐白粉病，对病毒病有一定忍耐性，不抗根腐病。抗倒性较好，收获时秆青籽熟，熟相好。耐冷性强。

产量表现：第 1 生长周期亩产 1 306.7 kg，比对照日本大白皮增产 6.44%；第 2 生长周期亩产 1 063.7 kg，比对照日本大白皮增产 8.96%。

适宜地区：适合在江苏、浙江、福建、安徽、江西、湖北、重庆、四川、贵州、云南、广西等冬蚕豆区作为鲜食蚕豆种植。

13. 通蚕鲜 8 号

品种来源：江苏沿江地区农业科学研究所以 97035 为母本、以

Ja-7 为父本创制的秋播大粒蚕豆品种。登记编号 GPD 蚕豆（2018）320006。

特征特性：中熟，全生育期约 220 d（鲜食青荚生育期 208.6 d）。株高中等，约 94.5 cm，叶片较大，茎秆粗壮，结荚高度中等。花紫色，单株分枝数 5.15 个，单株结荚数 14.7 个，单株鲜荚产量 249.5 g，每荚粒数 2.13 粒，其中 1 粒荚占 23.5%，2 粒及以上荚占 76.5%；鲜荚长 11.26 cm、宽 2.49 cm；百荚鲜重约 3 800 g，鲜籽粒长 2.83 cm、宽 2.06 cm；鲜籽粒百粒重 410～440 g，鲜籽粒绿色，煮食香甜柔糯，口味好。干籽粒种皮白色，黑脐，籽粒较大，干籽粒百粒重约 195 g。鲜籽粒粗蛋白含量 27.9%，粗淀粉含量 48.6%，脂肪含量 1.2%，单宁含量 0.474%。中抗赤斑病、锈病，较耐白粉病，对病毒病有一定忍耐性，不抗根腐病。耐冷性中等，抗倒性较好，收获时秆青籽熟，熟相好。

产量表现：第 1 生长周期亩产 1 270.9 kg，比对照日本大白皮增产 3.53%；第 2 生长周期亩产 1 052.4 kg，比对照日本大白皮增产 7.54%。

适宜地区：适合在江苏、安徽、湖北、江西、重庆冬蚕豆产区作为鲜食蚕豆种植。

14. 东方长荚

品种来源：南通东方种业有限公司以 760001-3 为母本、以 760005-17 为父本，经多年培育而成的秋播大粒鲜食蚕豆品种。登记编号 GPD 蚕豆（2018）320008。

特征特性：全生育期约 225 d（采收鲜荚生育期 209 d）。株高 91 cm，花白色，大荚大粒，鲜荚长 16～18 cm，鲜荚宽约 2.5 cm，鲜籽粒种皮浅绿色，鲜籽粒百粒重 410～430 g；干籽粒种皮褐色，种脐黑色。鲜籽粒蛋白质含量 27.4%，淀粉含量 55.5%，脂肪含量 1.2%。中抗赤斑病、锈病，较耐白粉病，耐旱性中等。

产量表现：第 1 生长周期亩产 1 308.9 kg，比对照大阪长荚增产 13.2%；第 2 生长周期亩产 1 344.3 kg，比对照大阪长荚增产 15.3%。

适宜地区：适合在江苏省种植。

15. 苏蚕豆 2 号

品种来源：江苏省农业科学院蔬菜研究所以大青皮为基础材料，经多年系统选育而成的江苏省夏播蚕豆品种。2012 年通过江苏省农作物品种审定委员会鉴定。

特征特性：播种至青荚采收期为 198.8 d，株高 96.6 cm，主茎节数 19.3 个，主茎分枝数 4.5 个；平均单株荚数 29.7 个，荚长 9.00 cm，荚宽 2.01 cm，鲜荚百荚重为 1 030.7 g，鲜籽粒百粒重 265.0 g。鲜籽粒口感香甜，粗蛋白含量 29.0%。田间病害发生较轻，抗倒性好，耐低温特性好。

产量表现：2009—2011 年在启东、南通、南京、常熟区域试验中，鲜荚平均产量为 18 070.5 kg/hm^2，居第 1 位，比对照日本大白皮增产 9.21%，差异达极显著水平；鲜籽粒平均产量 6 474.6 kg/hm^2，比对照日本大白皮增产 17.17%，差异达极显著水平。2010—2011 年生产试验中，鲜荚产量为 18 201.3 kg/hm^2，居第 2 位，比对照日本大白皮增产 28.72%，差异达极显著水平；鲜籽粒平均产量 6 386.55 kg/hm^2，居第 2 位，比对照日本大白皮增产 21.08%，差异达极显著水平；干籽粒平均产量3 604.5 kg/hm^2，居第 1 位，比对照品种增产 40.69%，差异达极显著水平。

适宜地区：适合在江苏全省范围内栽培。

16. 沁后本 1 号

品种来源：莆田市农业科学研究所以莆田优良蚕豆地方品种沁后本为基础材料，经系统选育而成的蚕豆品种。登记编号 GPD 蚕豆（2018）350017。

特征特性：出苗到采收青荚 85 d，全生育期 125～144 d。株高 80～85 cm，主茎粗 0.86 cm，主茎节数 18～20 节，单株分枝数2～

3 个，始荚节位为第 5～6 节，平均单株荚数 8.3 个，每荚粒数 2.3 粒，鲜籽粒百粒重 200～240 g，干籽粒百粒重 107～114 g。鲜籽粒绿白色，黑脐，有光泽。鲜籽粒含粗蛋白 13.0%、粗纤维 0.56%、脂肪 0.45%、淀粉 18.1%，维生素 C 含量 34 mg/kg。感赤斑病，轻感枯萎病。

产量表现： 鲜荚第 1 生长周期亩产 667.5 kg，比对照沁后本增产 14.6%；第 2 生长周期亩产 873.1 kg，比对照沁后本增产 6.9%。

适宜地区： 适合在福建冬种蚕豆生产区种植。

17. 启豆 2 号

品种来源： 江苏沿江地区农业科学研究所、启东市作物栽培技术指导站以启豆 1 号为基础材料，经系统选育的干籽粒型蚕豆品种。登记编号 GPD 蚕豆（2023）320017。

特征特性： 全生育期 220 d。叶绿色，花（旗瓣）白色。分枝多，单株有效分枝数 3.2 个。株高 95.00 cm，百粒重 80.00 g。单株有效荚数 14.2 个，单荚粒数 3.0 粒，成熟荚褐色，荚质硬。籽粒中厚，种皮绿色。子叶淡黄色。抗倒伏性强，适合间作、套种。干籽粒粗蛋白含量 31.20%，粗淀粉含量 47.50%。高抗锈病，耐赤斑病，对病毒病抗性一般，不抗根腐病，耐冷性一般，耐旱性一般。

产量表现： 第 1 生长周期亩产 236.2 kg，比对照启豆 1 号增产 0.88%；第 2 生长周期亩产 263.5 kg，比对照启豆 1 号增产 3.64%。

适宜地区： 适合在江苏、上海、重庆冬秋蚕豆生态区作为绿肥蚕豆种植，江苏本地适宜播种期为 10 月中下旬。

18. 超越 80

品种来源： 上海禹沃农业科技有限公司通过常规杂交育种程序育成的粮菜兼用型蚕豆品种，组合为农户自留种香蕉豆/YB05－2。登记编号 GPD 蚕豆（2024）310012。

特征特性：播种至青荚采收期 190 d，全生育期 220 d。植株长势旺盛，分枝能力强，直立性好。株高 157.00 cm，花期晚，中上部结荚，茎秆花青苷显色程度中等，叶片绿色。无限开花习性，翼瓣有黑色素斑，旗瓣花青苷延伸范围较大，紫红色。青荚绿色，弯曲程度弱，鲜籽粒绿色，干籽粒青绿色，成熟荚黑褐色，主茎有效分枝数 6 个，荚长 16.00 cm，荚宽 2.60 cm，干籽粒百粒重 237 g。鲜籽粒口感香甜酥糯。粗蛋白含量 32.67%，粗淀粉含量 36.50%。感锈病，抗赤斑病，耐冷性中等，耐旱性中等。

产量表现：第 1 生长周期亩产 1 081.8 kg，比对照苏蚕豆 2 号增产 9.72%；第 2 生长周期亩产 1 111.6 kg，比对照苏蚕豆 2 号增产 7.38%。

适宜地区：适合在江苏南通、上海秋季种植。

19. 双绿 5 号

品种来源：浙江勿忘农种业股份有限公司以国外引进品种为基础材料经系统选育而成。登记编号 GPD 蚕豆（2017）330002。

特征特性：株高约 95 cm；花紫色，单株分枝数 5～6 个，单株有效荚数 16 个，2 粒荚占 40.9%，3 粒荚占 39.5%；籽粒长 3.2 cm、宽 2.4 cm、厚 1.3 cm，种皮薄，单株荚重 450 g，出籽率 40%～45%；荚长12 cm，干籽粒种皮、种脐淡褐色，百粒重 190～220 g，鲜籽粒质糯、品质佳；速冻加工后肉质不变硬，适合鲜食和速冻加工。播种至始收鲜豆荚一般 170～197 d。耐寒性较好。鲜籽粒粗蛋白含量 31.9%，粗淀粉含量 44.2%，粗脂肪含量 0.79%，总糖含量 19.42%。抗锈病及赤斑病，耐冷性中等。

产量表现：第 1 生长周期亩产鲜荚 972.5 kg，比对照白花大粒增产 8.4%；第 2 生长周期亩产鲜荚 912.0 kg，比对照白花大粒增产 6.6%。

适宜地区：适合在浙江省种植。10 月中下旬至 11 月初播种。

20. 通蚕鲜 10 号

品种来源： 江苏沿江地区农业科学研究所通过常规杂交育种程序育成的干籽粒型蚕豆品种，组合为启豆 3 号/启豆 6 号。登记编号 GPD 蚕豆（2024）320011。

特征特性： 全生育期 196 d。叶绿色，花紫红色。分枝多，单株有效分枝数 3 个。株高 90.20 cm，百粒重 185 g。单株有效荚数 7.9 个，单荚粒数 1.8 粒，成熟荚黑色，硬荚。籽粒中厚形，种皮绿色。子叶淡黄色。粗蛋白含量 32.70%，粗淀粉含量 36.30%。感锈病，高抗赤斑病，耐白粉病，不抗根腐病，耐冷性较强。

产量表现： 第 1 生长周期亩产 109.7 kg，比试点平均产量减产 21.30%；第 2 生长周期亩产 130.7 kg，比试点平均产量减产 15.00%。

适宜地区： 适合在江苏、湖北、四川成都、贵州毕节冬蚕豆区种植。

21. 海门大青皮

品种来源： 江苏沿江地区农业科学研究所与海门市种子管理站以江苏地方品种为基础材料选育的蚕豆品种。登记编号 GPD 蚕豆（2018）320005。

特征特性： 茎秆直立，根系发达，具有丰富的根瘤菌，株高中等，一般成株株高 104 cm。分枝较多，单株分枝数 3.4 个，单株荚数 9～10 个，每荚粒数 2～3 粒，紫花，种皮碧绿有光泽，种脐黑色，基部略隆起。籽粒较大，扁平，长 2.3 cm 左右，一般百粒重 115～120 g。茎秆粗壮，抗倒性好，熟相好，全生育期 221 d。干籽粒粗蛋白含量 30.2%，粗淀粉含量 52.1%，脂肪含量 1.2%，单宁含量 0.47%。中抗锈病、赤斑病，对病毒病抗性一般，不抗根腐病，耐冷性中等。

产量表现： 第 1 生长周期亩产 994.3 kg（鲜荚），比对照日本大白皮减产 3.07%；第 2 生长周期亩产 758.0 kg（鲜荚），比对照日本大白皮增产 1.13%。

适宜地区：适合在江苏、重庆等冬蚕豆产区种植。江苏适宜播种期为 10 月中下旬。

第三节　秋播弱冬性品种

1. 卓蚕 2 号

品种来源：贵州卓豪农业科技股份有限公司以 S 黑嘴为基础材料选育的干鲜籽粒型、饲用型蚕豆品种。登记编号 GPD 蚕豆（2019）520008。

特征特性：全生育期 158 d 左右。株高 105 cm。单株分枝数 4.6 个，单株荚数 21 个，每荚粒数 2.6 粒左右，鲜籽粒百粒重 231 g。幼苗直立，生长势强，叶片较大，茎秆粗壮，秸青籽熟，结荚高度中等，不裂荚，熟相好。紫花，浅紫皮，黑脐。干籽粒粗蛋白含量 18.4%，粗淀粉含量 18.6%。抗锈病，中抗赤斑病，耐冷性强，耐旱性中等。

产量表现：第 1 生长周期亩产 1 188.2 kg，比对照成胡 14 增产 15.97%；第 2 生长周期亩产 1 245.9 kg，比对照成胡 14 增产 13.02%。

适宜地区：适合在贵州蚕豆产区春季种植。

2. 云钻 88

品种来源：云南领泰农业科技有限公司通过常规杂交育种程序育成的粮菜兼用型蚕豆品种，组合为 2617p－92/Kn118－2－6。登记编号 GPD 蚕豆（2024）530015。

特征特性：早熟，全生育期 96 d。冬性。鲜籽粒型。叶深绿色，花（旗瓣）白色。分枝少，有效分枝数 4.4 个。株高 63.92 cm，百粒重 206.48 g。单株有效荚数 16.0 个，单荚粒数 3.4 粒，成熟荚黑色，软荚。籽粒阔薄形，种皮黄色。子叶淡黄色。粗蛋白含

量 21.80%，粗淀粉含量 51.70%。中抗锈病（冬蚕豆），中抗赤斑病（冬、春蚕豆），耐冷性中等（冬蚕豆），耐旱性中等（春蚕豆）。

产量表现：第 1 生长周期亩产 1 519.2 kg，比对照湘蚕鲜 3 号增产 5.79%；第 2 生长周期亩产 1 471.3 kg，比对照湘蚕鲜 3 号增产 8.44%。

适宜地区：适合在云南、贵州、四川、广西、江西、湖南、湖北地区秋季种植。

3. 宾早豆 6 号

品种来源：云南垦晟农业科技开发有限公司以 SX3085/TX01 有性杂交选育而成的粮菜兼用型蚕豆品种。登记编号 GPD 蚕豆（2024）530010。

特征特性：全生育期 98 d。冬性。叶深绿色，花（旗瓣）白色。分枝少，有效分枝数 2.6 个。株高 105.25 cm，百粒重 205.87 g。单株有效荚数 15.9 个，单荚粒数 2.9 粒，成熟荚褐色，软荚。籽粒阔薄形，种皮褐色。子叶淡黄色。粗蛋白含量 24.80%，粗淀粉含量 45.90%。中抗锈病和赤斑病，耐冷性中等，耐旱性中等。

产量表现：第 1 生长周期亩产 1 601.9 kg，比对照通蚕鲜 6 号增产 9.02%；第 2 生长周期亩产 1 523.1 kg，比对照通蚕鲜 6 号增产 11.17%。

适宜地区：适合在云南、贵州、四川、湖南、湖北地区秋季种植。

4. 科农蚕 1 号

品种来源：昆明合绿农业科技有限公司、福建绿园高科农业科技有限公司以 C2195－1－1 为母本、以 5623－9 为父本选育的粮菜兼用型蚕豆品种。登记编号 GPD 蚕豆（2023）530012。

特征特性：全生育期 183 d。叶绿色，花（旗瓣）紫色。分枝少，单株有效分枝数 3.6 个。株高 108.54 cm，百粒重 197.7 g。单株有效荚数 23.3 个，单荚粒数 3.6 粒，成熟荚黑色，软荚。籽粒阔薄形，种皮黄色。子叶淡黄色。粗蛋白含量 27.65%，粗淀粉含量 38.87%。中抗锈病和赤斑病，耐冷性中等，耐旱性中等。

产量表现：第 1 生长周期亩产 1 267.0 kg，比对照通鲜 2 号增产 8.10%；第 2 生长周期亩产 1 156.8 kg，比对照通鲜 2 号增产 9.16%。

适宜地区：适合在四川、江西、湖南、湖北、云南、安徽、福建地区秋季种植。

5. 科喜赤蚕 1 号

品种来源：保山保美农业科技有限公司、四川科喜种业有限公司以 CK3266/T809S1 有性杂交选育而成的粮菜兼用型蚕豆品种。登记编号 GPD 蚕豆（2024）530008。

特征特性：全生育期 172 d。冬性。叶绿色，花（旗瓣）紫红色。分枝少，单株有效分枝数 2.2 个。株高 95.65 cm，百粒重 185.88 g。单株有效荚数 10.8 个，单荚粒数 3.0 粒，成熟荚褐色，硬荚。籽粒阔薄形，种皮黄色。子叶淡黄色。粗蛋白含量 28.20%，粗淀粉含量 38.10%。中抗锈病和赤斑病，耐冷性中等，耐旱性中等。

产量表现：第 1 生长周期亩产 218.0 kg，比对照成胡 22 增产 3.61%；第 2 生长周期亩产 190.3 kg，比对照成胡 22 增产 4.79%。

适宜地区：适合在云南、贵州、四川、重庆地区秋季种植。

6. 科喜七粒长

品种来源：保山保美农业科技有限公司、四川科喜种业有限公司以 YDL205/T911S1 有性杂交选育而成的粮菜兼用型蚕豆品种。登记编号 GPD 蚕豆（2024）530009。

特征特性：全生育期 174 d。叶绿色，花（旗瓣）白色。分枝少，单株有效分枝数 2.2 个。株高 97.62 cm，百粒重 183.46 g。单

株有效荚数 9.7 个，单荚粒数 4.4 粒，成熟荚黑色，软荚。籽粒阔薄形，种皮黄色。子叶淡黄色。粗蛋白含量 27.90%，粗淀粉含量 37.60%。中抗锈病和赤斑病，耐冷性中等，耐旱性中等。

产量表现： 第 1 生长周期亩产 397.2 kg，比对照凤豆 9 号增产 7.12%；第 2 生长周期亩产 376.3 kg，比对照凤豆 9 号增产 5.52%。

适宜地区： 适合在云南、贵州、四川、重庆地区秋季种植。

7. 七星白蚕

品种来源： 保山保美农业科技有限公司、宁夏广源种业有限公司以 CAS285/PAS105R1 有性杂交选育而成的粮菜兼用型蚕豆品种。登记编号 GPD 蚕豆（2024）530006。

特征特性： 全生育期 152 d。叶绿色，花（旗瓣）白色。单株分枝少，单株有效分枝数 3.0 个。株高 90.47 cm，百粒重 182.46 g。单株有效荚数 13.3 个，单荚粒数 5.4 粒，成熟荚黑色，软荚。籽粒阔薄形，种皮黄色。子叶淡黄色。粗蛋白含量 28.30%，粗淀粉含量 38.80%。中抗锈病和赤斑病，耐冷性中等，耐旱性中等。

产量表现： 第 1 生长周期亩产 312.3 kg，比对照保蚕豆 5 号增产 3.31%；第 2 生长周期亩产 286.2 kg，比对照保蚕豆 5 号增产 4.49%。

适宜地区： 适合在云南、贵州、四川、宁夏地区秋季种植。

8. 籽缘七姊妹

品种来源： 四川省籽缘商贸有限公司以徐州七星蚕豆变异株为基础材料选育的鲜籽粒型蚕豆品种。登记编号 GPD 蚕豆（2019）510026。

特征特性： 中熟，有限花序，四川地区从播种到始收鲜荚 160 d 左右。株型紧凑，株高 100～120 cm，茎秆粗壮，单株有效分枝数 5～8 个；平均荚长 15.5 cm，籽粒中厚形，种皮褐色，种脐黑色。单株结荚数 16～20 个，荚粒数 5～7 粒，单株鲜粒重 380 g 左右，干籽粒百粒重 176 g 左右，鲜籽粒百粒重 300 g 左右。粗蛋白含量

30.8%，粗淀粉含量47%。中抗锈病和赤斑病，耐冷性中等。

产量表现：第1生长周期亩产1 083 kg，比对照七星长剑增产12.2%；第2生长周期亩产1 126 kg，比对照七星长剑增产14.7%。

适宜地区：适合在四川、云南、贵州及重庆秋冬季节种植。

9. 科喜白蚕1号

品种来源：保山保美农业科技有限公司、四川科喜种业有限公司以CL7725/DZ38有性杂交选育而成的粮菜兼用型蚕豆品种。登记编号GPD蚕豆（2024）530007。

特征特性：全生育期174 d。叶绿色，花（旗瓣）白色。分枝少，单株有效分枝数2.5个。株高84.76 cm，百粒重169.53 g。单株有效荚数10.4个，单荚粒数3.2粒，成熟荚黑色，硬荚。籽粒阔薄形，种皮黄色。子叶淡黄色。粗蛋白含量28.50%，粗淀粉含量39.20%。中抗锈病和赤斑病，耐冷性中等，耐旱性中等。

产量表现：第1生长周期亩产219.8 kg，比对照成胡22增产2.85%；第2生长周期亩产194.6 kg，比对照成胡22增产5.99%。

适宜地区：适合在云南、贵州、四川、重庆地区秋季种植。

10. 益豆1号

品种来源：云南楚雄益农农业科技开发有限公司、楚雄市彩稼农业科技开发研究所以天府豆2号为母本、以白花早蚕豆为父本创制的干籽粒型蚕豆品种。登记编号GPD蚕豆（2018）530007。

特征特性：全生育期172～179 d，属早中熟品种。株型紧凑，株高60.3～127.4 cm，单株分枝数2～5个，单株有效分枝数1.5～3个，单株实荚数6～16个，单株实粒数14.5～41.3粒，荚长8.1～11.5 cm，荚宽1.45～2.7 cm，考种单株产量14.7～53 g，单株总干物重33.7～97.3 g，收获指数35%～57%，单荚粒数2.1～2.35粒，百粒重157.93 g。播种至现蕾天数为60～101 d。籽粒中厚形，抗倒，耐渍性较好，适合中上等肥力田块种植。粗蛋白含量27.4%，粗淀粉含量49.35%。抗锈病和赤斑病，耐冷性强。

产量表现： 第 1 生长周期亩产 291.3 kg，比对照凤豆 6 号增产 16.9%；第 2 生长周期亩产 290.1 kg，比对照凤豆 6 号增产 11.5%。

适宜地区： 适合在云南海拔 1 550～2 000 m 的地区种植，秋季最佳播种期为 10 月 10—20 日。

11. 保蚕豆 5 号

品种来源： 保山市农业科学研究所以 511 - 6 - 10 为母本、以云豆 95（34）为父本经有性杂交选育而成的早中熟菜饲兼用型蚕豆品种。登记编号 GPD 蚕豆（2018）530025。

特征特性： 全生育期 168 d。株高 107.48 cm，单株分枝数 3.43 个，单株有效分枝数 3.28 个，单株实荚数 11.12 个，荚长 6.78 cm，荚宽 1.95 cm，荚粒数 1.83 粒，干籽粒百粒重 153.1 g，单株干籽粒产量 31.16 g。粗蛋白含量 30.52%，粗淀粉含量 42.33%。感锈病，中抗赤斑病，花荚期耐冻性、耐冷性、耐旱性高。

产量表现： 第 1 生长周期亩产 298.65 kg，比对照云南豆 690 增产 13.45%；第 2 生长周期亩产 326.72 kg，比对照云南豆 690 增产 25.95%。

适宜地区： 适合在云南海拔 1 200～2 000 m 的蚕豆产区 9 月 20 日至 10 月 20 日播种。

12. 保蚕豆 4 号

品种来源： 保山市农业科学研究所以 97 - 4 - 2 为母本、以 1753 - 6 - 3 为父本经有性杂交选育而成的菜饲兼用型蚕豆品种。登记编号 GPD 蚕豆（2018）530026。

特征特性： 全生育期 186 d，属中晚熟品种。茎叶深绿色，分枝能力强，株形整齐，生长势强，黑白花，株高 116.53 cm，单株分枝数 2.44 个，单株有效分枝数 2.98 个，单株实荚数 8.16 个，荚长 7.97 cm，荚宽 1.83 cm，荚粒数 1.70 粒，干籽粒百粒重 152.2 g，大荚大粒，干籽粒中厚形，种皮颜色为黄白色，种脐黑色。单株干籽粒产量 21.11 g。粗蛋白含量 29.3%，粗淀粉含量 42.52%。中抗锈病和赤斑病，花荚期耐冻性、耐冷性、耐旱性高。

产量表现：第1生长周期亩产283.85 kg，比对照云豆690增产7.83%；第2生长周期亩产308.24 kg，比对照云豆690增产18.83%。

适宜地区：适合在云南海拔1 450～1 950 m的蚕豆产区9月20日至10月20日播种。

13. 云豆1299

品种来源：云南省农业科学院粮食作物研究所以8462为母本、以K0815为父本选育的粮菜兼用型蚕豆品种。登记编号GPD蚕豆（2024）530017。

特征特性：中熟。全生育期190 d。冬性。干籽粒型。叶绿色，花（旗瓣）白色。分枝多，单株有效分枝数3.0个。株高91.90 cm，百粒重144.80 g。单株有效荚数9.4个，单荚粒数1.7粒，成熟荚黄色，软荚。籽粒中厚形，种皮绿色。子叶淡黄色。种脐绿色，鲜荚绿色。粗蛋白含量22.40%，粗淀粉含量42.50%。感锈病和赤斑病，耐冷性中等，耐旱性中等。

产量表现：第1生长周期亩产170.2 kg，比对照云豆147增产3.80%；第2生长周期亩产192.3 kg，比对照云豆147减产0.60%。

适宜地区：适合在云南、四川、贵州、重庆海拔1 100～2 000 m的蚕豆产区，以及江苏、安徽、湖北、河南旱地丘陵和平原地区秋季种植。

14. 保蚕豆3号

品种来源：保山市农业科学研究所以97-4-3为母本、以1063-1为父本育成的蚕豆品种。登记编号GPD蚕豆（2018）530023。

特征特性：全生育期181 d，株高76.58～96.60 cm，单株分枝数3.76个，单株有效分枝数3.2个，单株实荚数10.1个，荚长8.73 cm，荚宽1.99 cm，荚粒数1.78粒；单株干籽粒产量22.4～

24.5 g，干籽粒百粒重 143.17 g。粗蛋白含量 29.02%，粗淀粉含量 41.48%。中抗锈病和赤斑病，耐冷性高，耐旱性中等。

产量表现：第 1 生长周期亩产 306.75 kg，比对照云豆 690 增产 13.78%；第 2 生长周期亩产 286.56 kg，比对照云豆 690 增产 20.28%。

适宜地区：适合在云南保山海拔 1 400～1 950 m 的蚕豆产区冬季种植。

15. 云豆 459

品种来源：云南省农业科学院粮食作物研究所以 89147 为母本、以 9829 为父本育成的中熟大粒型蚕豆品种。登记编号 GPD 蚕豆（2018）530031。

特征特性：全生育期 181 d 左右，百粒重 143.0 g；株高 80.0 cm，分枝角度小于 40°；单株分枝数 2.9 个，单株有效分枝数 2.7 个；荚的大小均匀，荚长 8.77 cm，荚宽 1.99 cm；籽粒种皮白色，种脐黑色；单株荚数 10.0 个；单荚粒数 1.7 粒；单株产量 24.6 g。粗蛋白含量 29.6%，粗淀粉含量 27.16%，单宁含量 0.23%。中抗锈病、赤斑病和褐斑病，耐冷性中等，耐旱性中等。

产量表现：第 1 生长周期亩产 226.1 kg，比对照云豆 690 增产 18.9%；第 2 生长周期亩产 278.3 kg，比对照云豆 690 增产 24.4%。

适宜地区：适合在云南、四川、贵州海拔 1 100～2 400 m 的蚕豆产区秋季播种。

16. 云豆 1512

品种来源：云南省农业科学院粮食作物研究所以彝豆 1 号为母本、以 2011－2999 为父本选育的粮菜兼用型蚕豆品种。登记编号 GPD 蚕豆（2024）530016。

特征特性：中熟。全生育期 181 d。冬性。干籽粒型。叶绿色，花（旗瓣）白色。分枝多，单株有效分枝数 3.4 个。株高 91.50 cm，百粒重 139.80 g。单株有效荚数 10.5 个，单荚粒数 1.8 粒，成熟荚黄色，软荚。籽粒中厚形，种皮褐色。子叶淡黄色。种脐褐色，鲜荚为绿色。粗蛋白含量 22.80%，粗淀粉含量 41.10%。感锈病和赤斑病，耐冷性中等，耐旱性中等。

产量表现：第 1 生长周期亩产 294.6 kg，比对照云豆 459 增产 2.80%；第 2 生长周期亩产 276.9 kg，比对照云豆 459 增产 22.50%。

适宜地区：适合在秋播生态区云南海拔 1 100～2 000 m 的蚕豆产区秋季种植。

17. 云豆 112

品种来源：云南省农业科学院粮食作物研究所以 83324 为母本、以（89147×K1266）为父本创制的干籽粒型蚕豆品种。登记编号 GPD 蚕豆（2020）530020。

特征特性：全生育期 188 d 左右。百粒重 139.3 g，籽粒长、宽、厚分别为 2.06 cm、1.52 cm、0.62 cm；株高 80.0 cm，单株分枝数 4.3 个，单株有效分枝数 3.4 个；着荚均匀，荚的大小均匀，荚长 9.47 cm，荚宽 2.03 cm；单株荚数 8.6 个，单荚粒数 1.8 粒，丰产性较好，荚粒性状优越，单株产量 18.0 g。粗蛋白含量 28.40%，粗淀粉含量 44.62%，总糖含量 5.70%。中感锈病，抗赤斑病、褐斑病，耐冷性中等。

产量表现：第 1 生长周期亩产 250.7 kg，比对照云豆 690 增产 2.9%；第 2 生长周期亩产 266.7 kg，比对照凤豆 13 减产 1.04%。

适宜地区：适合在云南、四川、重庆、贵州海拔 1 100～2 200 m 的蚕豆产区秋季种植。

18. 保绿豆 2 号

品种来源：保山市农业科学研究所以保绿豆 176-1 为母本、以 K0729 为父本育成的蚕豆品种。登记编号 GPD 蚕豆（2018）530021。

特征特性：大粒型中熟品种，全生育期 177 d。株高 116.4 cm，单株分枝数 2.35 个，单株有效分枝数 2.24 个，单株实荚数 8.62 个，荚长 7.58 cm，荚宽 1.94 cm，荚粒数 1.86 粒，干籽粒百粒重

138.6 g，单株籽粒产量 22.2 g。粗蛋白含量 28.3%，粗淀粉含量 42.36%，单宁含量 0.026%。中抗锈病和赤斑病，耐冷性中等。

产量表现：第 1 生长周期亩产 292.53 kg，比对照云豆 690 增产 8.51%；第 2 生长周期亩产 266.67 kg，比对照云豆 690 增产 11.93%。

适宜地区：适合在云南保山海拔 1 450～1 950 m 的蚕豆产区种植。

19. 七粒香

品种来源：绵阳市华夏现代种业有限公司以 NC21 - 07 为母本、以 HX54 - 09 为父本创制的鲜籽粒型蚕豆品种。登记编号 GPD 蚕豆（2019）510024。

特征特性：全生育期 140 d 左右。株高 95～105 cm。植株长势旺，根系发达，茎秆粗壮；叶色浅绿，叶长卵圆形，花白色；平均单株结荚 12 个，单荚粒数 4～7 粒，硬荚，荚长 14 cm 左右，荚宽 2.5 cm 左右；鲜荚绿色，成熟荚为黑褐色，种皮黄色，干籽粒中厚形，黑脐，干籽粒百粒重 138 g 左右。粗蛋白含量 24.7%，粗淀粉含量 27.8%。中抗锈病和赤斑病，耐冷性中等，耐旱性中等。

产量表现：第 1 生长周期亩产 854 kg，比对照二板子增产 8.8%；第 2 生长周期亩产 826 kg，比对照二板子增产 9.7%。

适宜地区：适合在四川、云南、贵州、安徽、湖北、陕西、浙江、江苏、江西、福建、广东和广西及重庆秋季种植。

20. 云豆 41

品种来源：云南省农业科学院粮食作物研究所以 97 - 1867 为母本、以 2007 - 2715 为父本创制的干籽粒型蚕豆品种。登记编号 GPD 蚕豆（2020）530019。

特征特性：属中熟大粒型蚕豆品种，播种后 68 d 现蕾、105 d 开花，花白色，全生育期 183 d 左右。百粒重 137 g；株高 80 cm，单株分枝数 6 个，单株有效分枝数 4 个，着荚均匀，荚的大小均匀，荚长 8.6 cm，荚宽 1.94 cm；籽粒种皮白色，种脐黑色；单株荚数 12 个，单荚粒数 1.67 粒，丰产性较好，荚粒性状优越，单株产量 21 g。粗蛋白含量 25.7%，粗淀粉含量 45.55%，糖分含量 4.11%。中抗锈病和赤斑病，耐冷性中等。

产量表现：第 1 生长周期亩产 238.7 kg，比对照凤豆 13 增产 3.1%；第 2 生长周期亩产 256.6 kg，比对照凤豆 13 增产 7.5%。

适宜地区：适合在云南海拔 1 600～2 200 m 的蚕豆产区秋季种植。

21. 云豆 95

品种来源：云南省农业科学院粮食作物研究所以 8462 为母本、以 91825 为父本创制的干籽粒型蚕豆品种。登记编号 GPD 蚕豆（2019）530028。

特征特性：全生育期 184 d 左右，百粒重 137 g；株高 90.3 cm，分枝角度小于 40°；单株分枝数 4.1 个，单株有效分枝数 3.1 个；荚的大小均匀，大荚型，荚长 8.97 cm，荚宽 1.94 cm；籽粒种皮白色，种脐白色，种皮略皱；单株荚数 8.97 个，单荚粒数 1.56 粒，单株产量 24.5 g。粗蛋白含量 27.1%，粗淀粉含量 46.62%，单宁含量 0.31%。感锈病，中抗赤斑病，抗褐斑病，耐冷性中等。

产量表现：第 1 生长周期亩产 320.1 kg，比对照凤豆 1 号增产 4.6%；第 2 生长周期亩产 257.2 kg，比对照凤豆 1 号增产 9.9%。

适宜地区：适合在云南海拔 1 600～2 400 m 的蚕豆产区秋季种植。

22. 云豆 1413

品种来源：云南省农业科学院粮食作物研究所以 89147 为母本、以 K1236 为父本选育的粮菜兼用型蚕豆品种。登记编号 GPD 蚕豆（2024）530018。

特征特性：中熟，全生育期 190 d。冬性。干籽粒型。叶绿色，

花（旗瓣）白色。分枝多，单株有效分枝数 2.6 个。株高 90 cm，百粒重 135.80 g。单株有效荚数 8.8 个，单荚粒数 2.6 粒，成熟荚黄色，软荚。籽粒中厚形，种皮乳白色。子叶淡黄色。鲜荚绿色。粗蛋白含量 22.10%，粗淀粉含量 42.10%。感锈病，中抗赤斑病，耐冷性中等，耐旱性中等。

产量表现： 第 1 生长周期亩产 255.3 kg，比对照云豆 459 减产 10.90%；第 2 生长周期亩产 232.0 kg，比对照云豆 459 增产 2.60%。

适宜地区： 适合在秋播生态区云南海拔 1 100～2 000 m 的蚕豆产区秋季种植。

23. 彝豆 1 号

品种来源： 楚雄彝族自治州农业科学研究推广所以凤豆 1 号为母本、以天杂 30 为父本杂交后经系谱选育而成的高产、优质、高抗锈病的干籽粒型蚕豆品种。审定号为滇审蚕豆 2014003 号。

特征特性： 全生育期 166～189 d，株型紧凑，株高 83.98～117.2 cm，单株分枝数 2.75～3.7 个，平均单株有效分枝数 2.5～3.3 个，苗期分枝半直立，叶片上举，叶色淡绿，黑白花，簇花 3～4 朵，成熟时不落叶。荚果平滑，荚皮薄，荚长 8.3～11.2 cm，荚宽1.8～2.3 cm。平均单株实荚数 10.3 个，单株实粒数 14.4～17.5 粒，单荚粒数 1.7 粒，荚果与茎秆的夹角小。百粒重 135～164.2 g。收获指数 51.63%。粗蛋白含量 30.4%，单宁含量 0.05%，总淀粉含量 39.47%。高抗锈病，抗赤斑病，中抗褐斑病，耐冷性、耐旱性中等。

产量表现： 2009 年在楚雄州蚕豆品种区域试验中，亩产 393.13 kg，产量居第 1 位，较对照凤豆 6 号增产 21.5%，增产极显著。2010—2012 年参加云南省优质蚕豆区域试验，多点两年平均亩产 271.0 kg，增产点率为 76.92%。2012—2013 年参加云南省蚕豆品种生产试验，综合产量居第 3 位，多点平均亩产 251.54 kg，比对照增产 11.18%。

适宜地区：适合在云南海拔 1 600～2 400 m 的蚕豆种植区种植。

24. 彝豆 4 号

品种来源：楚雄彝族自治州农业科学院以天杂 30 为母本、以伊朗蚕豆（YL-03）为父本创制的粮菜兼用型蚕豆品种。登记编号 GPD 蚕豆（2023）530016。

特征特性：全生育期 178 d。叶深绿色，花（旗瓣）白色。分枝少，单株有效分枝数 2.9 个。株高 115.19 cm，百粒重 132.73 g。单株有效荚数 7.2 个，单荚粒数 2.6 粒，成熟荚褐色，软荚。籽粒阔薄形，种皮乳白色。子叶淡黄色。粗蛋白含量 30.40%，粗淀粉含量 39.30%。中抗锈病和赤斑病，耐冷性中等，耐旱性中等。

产量表现：第 1 生长周期亩产 295.6 kg，比对照彝豆 3 号增产 11.56%；第 2 生长周期亩产 304.8 kg，比对照彝豆 3 号增产 18.43%。

适宜地区：适合在云南海拔 1 500～2 000 m 的蚕豆种植区秋季种植。

25. 凤豆 28

品种来源：大理白族自治州农业科学推广研究院以凤豆 13 为母本、以凤豆 12 为父本创制的粮菜兼用型蚕豆品种。登记编号 GPD 蚕豆（2023）530014。

特征特性：全生育期 179 d。叶浅绿色，花（旗瓣）紫色。分枝少，单株有效分枝数 3.2 个。株高 121.42 cm，百粒重 131.55 g。单株有效荚数 12.1 个，单荚粒数 1.9 粒，成熟荚褐色，软荚。籽粒中厚形，种皮乳白色。子叶淡黄色。粗蛋白含量 26.00%，粗淀粉含量 41.20%。感锈病，中抗赤斑病，耐冷、耐旱。

产量表现：第 1 生长周期亩产 244.4 kg，比对照云豆 459 增产 11.10%；第 2 生长周期亩产 300.0 kg，比对照云豆 459 增

产 26.00%。

适宜地区：适合在西南生态区云南海拔 1 600～2 400 m 的蚕豆种植区秋季种植。

26. 彝豆 3 号

品种来源：楚雄彝族自治州农业科学研究推广所以天杂 30 为母本、以本地大姚白花豆为父本进行杂交，经系统单株选育而成的鲜食粮饲兼用型蚕豆品种，既可采荚鲜销，又可收获干籽粒作为粮食用，还可作为牲畜饲料原料种植。2016 年通过云南省农作物品种审定委员会审定，登记编号 GPD 蚕豆（2018）530013。

特征特性：全生育期 169～182 d，花历期（始花至终花）45～58 d。株型紧凑，株高 114 cm 左右，单株分枝数 2.5～3.6 个，单株有效分枝数 2.1～3.3 个，荚长 3.4～9.2 cm，荚宽 1.8～2.2 cm；单株实荚数 9.1～15.3 个，单荚粒数 1.67～2.03 粒，荚果与茎秆的夹角小。单株实粒数 12.0～18.7 粒，籽粒中厚形，种皮白色，种脐白色，种皮破裂率为零，百粒重 131.5～154.5 g。单株干物重 36.7～55.6 g，单株籽粒重 23.8～29.8 g，收获指数 46.9%～52.43%。粗蛋白含量 26.0%，粗淀粉含量 47.62%，单宁含量 0.578%，总糖含量 4.57%。中抗锈病，抗赤斑病和褐斑病，耐冷性、耐旱性中等。

产量表现：第 1 生长周期亩产 250.4 kg，比对照云豆 690 增产 2.79%；第 2 生长周期亩产 281.12 kg，比对照凤豆 13 增产 4.36%。

适宜地区：适合在云南海拔 1 200～2 000 m 的冬季蚕豆种植区种植。

27. 保蚕豆 6 号

品种来源：保山市农业科学研究所以 511－6－3－2 为母本、以 97－4－5 为父本育成的蚕豆品种。登记编号 GPD 蚕豆（2018）530022。

特征特性：中粒型中熟品种，全生育期 177 d。株高 108.8 cm，单株分枝数 3.73 个，单株有效分枝数 3.67 个，单株实荚数 14.37 个，荚长 8.82 cm，荚宽 1.77 cm，荚粒数 1.76 粒；单株籽粒产量 29.89 g，干籽粒百粒重 128.70 g，单株干籽粒产量 29.88 g。粗蛋白含量 29.46%，粗淀粉含量 41.93%。中抗锈病、赤斑病，耐冷性高，耐旱性中等。

产量表现：第 1 生长周期亩产 310.36 kg，比对照云豆 690 增产 15.12%；第 2 生长周期亩产 268.10 kg，比对照云豆 690 增产 12.53%。

适宜地区：适合在云南海拔 1 400～2 000 m 的蚕豆产区冬季种植。

28. 凤豆 13

品种来源：大理白族自治州农业科学推广研究院以株形较好、荚性状和籽粒商品性较好、不落叶，但轻感锈病、晚熟、适应性差、丰产稳产性差的法国豆为母本，以丰产稳产性较好、适应性较广、中早熟、荚性状和籽粒商品性较好，但株形较差的 82－3 为父本，进行有性杂交，经多年系谱选择获得的干籽粒型蚕豆品种。登记编号 GPD 蚕豆（2020）530015。

特征特性：株高 78.25～99.42 cm，单株分枝数 2.42～2.98 个，单株有效分枝数 2.27～2.68 个，荚长 8～10 cm，宽 2.0～2.1 cm，单株实荚数 9.93～12.25 荚，单荚粒数 1.66～1.69 粒；单株实粒数 16.78～20.30 粒，百粒重 127.11～140.23 g，收获指数 47.4%～50.07%，单株籽粒产量 18.96～25.78 g，全生育期 175～178 d，属中早熟品种，营养生长期（出苗至现蕾）36～42 d，生殖生长期（现蕾至成熟）116～129 d，花期 47～64 d，生长特点为营养生长期和生殖生长期相对较短，花期相对较长。粗蛋白含量 30.4%，粗淀粉含量 40.6%，单宁含量 0.54%，粗脂肪含量 1.62%。感锈病（冬蚕豆），抗赤斑病（冬、春蚕豆），耐冷（冬蚕豆），耐旱（春蚕豆）。

产量表现： 第1生长周期亩产446.00 kg，比对照凤豆1号增产11.08%；第2生长周期亩产436.50 kg，比对照凤豆1号增产9.81%。

适宜地区： 适合在云南海拔1 600～2 200 m的蚕豆产区种植。

29. 凤豆17

品种来源： 针对云南省凤豆3号、凤豆6号等特色主栽蚕豆品种使用年限长，种性退化严重，商品性差，感锈病、赤斑病、褐斑病，成熟时落叶等弱点，以及云南省频发的低温霜冻和干旱对蚕豆生产造成极大危害的状况，根据生产实际需要，采用凤豆3号（母本）与85173-11-935（父本）远缘杂交，系谱选育而成的蚕豆品种。2014年通过云南省品种审定，审定编号滇审蚕豆2014001号，2018年通过国家品种登记，登记编号GPD蚕豆（2018）530029。

特征特性： 全生育期167～170 d，属中早熟品种，营养生长期（出苗至现蕾）47～52 d，生殖生长期（现蕾至成熟）118～122 d，花历期（始花至终花）52～68 d。株高77.57～109.5 cm，单株分枝数2.58～3.27个，单株有效分枝数2.25～2.48个，荚长9.0～11.0 cm，荚宽2.0～2.5 cm，单株实荚数8.28～8.71个，单荚粒数1.72～2.09粒，荚果与茎秆的夹角小。单株实粒数14.49～17.32粒，百粒重124.18～149.65 g。粗蛋白含量26.9%，单宁含量0.18%，总淀粉含量36.69%。单株籽粒产量19.49～25.92 g，收获指数47.45%～56.56%。抗锈病，中抗赤斑病、褐斑病，耐冷、耐旱。

产量表现： 第1生长周期亩产286.30 kg，比对照凤豆1号增产8.41%；第2生长周期亩产268.08 kg，比对照凤豆11增产18.49%。

适宜地区： 适合在云南海拔1 600～2 400 m的蚕豆种植区种植。

30. 云豆 06

品种来源：云南省农业科学院粮食作物研究所以 H0230 为基础材料，利用自然变异选择育种法育成的中熟大粒型蚕豆品种。登记编号 GPD 蚕豆（2018）530032。

特征特性：全生育期 194 d 左右，百粒重 121.0 g；株高 80.5 cm，分枝角度小于 40°；单株分枝数 3.5 个，单株有效分枝数 3.1 个；着荚位中部，荚的大小均匀，荚长 9.2 cm，荚宽 1.9 cm；籽粒种皮白色，种脐白色；单株荚数 9.5 个；单荚粒数 1.8 粒；单株产量 19.2 g。粗蛋白含量 25.1%，粗淀粉含量 40.26%，总糖含量 6.13%。抗锈病和赤斑病，中抗褐斑病，耐冷性中等。

产量表现：第 1 生长周期亩产 283.7 kg，比对照凤豆 1 号减产 2.48%；第 2 生长周期亩产 250.8 kg，比对照凤豆 1 号增产 5.73%。

适宜地区：适合在云南、四川、重庆、贵州海拔 1 100～2 400 m 的蚕豆产区秋季播种。

31. 靖豆 111

品种来源：曲靖市农业科学院以 91－3－1 为母本、以 51－9 为父本创制的粮菜兼用型蚕豆品种。登记编号 GPD 蚕豆（2024）530002。

特征特性：全生育期 180 d。叶绿色，花（旗瓣）白色。分枝少，单株有效分枝数 3.5 个。株高 86 cm，百粒重 119.80 g。单株有效荚数 10.9 个，单荚粒数 2.0 粒，成熟荚黄色，硬荚。籽粒中厚形，种皮乳白色。子叶淡黄色。粗蛋白含量 24.80%，粗淀粉含量 42.60%。中抗锈病（冬蚕豆），感赤斑病（冬、春蚕豆），耐冷性中等（冬蚕豆），耐旱性中等（春蚕豆）。

产量表现：第 1 生长周期亩产 202.9 kg，比对照云豆 459 减产 7.80%；第 2 生长周期亩产 264.4 kg，比对照云豆 459 增产 11.00%。

适宜地区：适合在云南海拔 1 100～2 400 m 的蚕豆产区秋播种植。

32. 楚早1号

品种来源：楚雄彝族自治州农业科学院以大庄白花豆为母本、以K0729为父本创制的粮菜兼用型蚕豆品种。登记编号GPD蚕豆(2023) 530015。

特征特性：全生育期168 d。叶浅绿色，花（旗瓣）白色。分枝少，单株有效分枝数2.8个。株高90.78 cm，百粒重118.33 g。单株有效荚数8.6个，单荚粒数2.1粒，成熟荚褐色，软荚。籽粒中厚形，种皮乳白色。子叶淡黄色。干籽粒粗蛋白含量29.40%，粗淀粉含量32.90%。感赤斑病，中抗锈病和枯萎病，抗褐斑病，耐冷性中等，耐旱性中等。

产量表现：第1生长周期亩产258.4 kg，比对照凤豆11减产0.60%；第2生长周期亩产274.1 kg，比对照凤豆11减产2.96%。

适宜地区：适合在云南海拔1 200～1 900 m的蚕豆产区秋季种植。

33. 成胡26

品种来源：四川省农业科学院作物研究所以襄阳大脚板/成都大白为基础材料选育的粮菜兼用型蚕豆品种。登记编号GPD蚕豆(2024) 510001。

特征特性：全生育期173 d。叶绿色，花（旗瓣）紫色。分枝少，单株有效分枝数2.7个。株高121.80 cm，百粒重117.50 g。单株有效荚数10.9个，单荚粒数2.0粒，成熟荚褐色，硬荚。籽粒中厚形，种皮褐色。子叶淡黄色。粗蛋白含量28.00%，粗淀粉含量50.70%。中抗锈病和赤斑病，耐冷性强，耐旱性强。

产量表现：第1生长周期亩产123.6 kg，比对照成胡10号增产23.40%；第2生长周期亩产202.7 kg，比对照成胡10号增产20.90%。

适宜地区：适合在平坝、丘陵生态区的四川秋播区秋季种植。

34. 凤豆 15

品种来源：大理白族自治州农业科学推广研究院以 8817－6 为母本、以加拿大豆为父本经系谱选育而成的优质高产抗锈病蚕豆品种。2011 年通过云南省农作物品种审定委员会审定，审定编号滇审蚕豆 2011002 号。

特征特性：营养生长期（出苗至现蕾）48～50 d，生殖生长期（现蕾至成熟）95～99 d，全生育期 166～180 d，属中早熟品种，花历期 43～48 d。株高 75.39 cm，单株分枝数 2.70～4.15 个，单株有效分枝数 3.3 个，荚长 7.01 cm，荚宽 1.78 cm，单株实荚数 10.0 荚，单荚粒数 1.78 粒。单株实粒数 17.93～24.59 粒，百粒重 113.32 g，种子含蛋白质 28.20%、单宁 0.274%、总淀粉 46.15%、粗脂肪 1.04%、总糖 4.87%。收获指数 47.83%～51.65%，单株籽粒产量 20.14 g。抗锈病，中感赤斑病和褐斑病，耐冷、耐旱。

产量表现：第 1 生长周期亩产 293.90 kg，比对照凤豆 1 号增产 8.69%；第 2 生长周期亩产 297.78 kg，比对照凤豆 11 增产 10.20%。

适宜地区：适合在云南海拔 1 600～2 400 m 肥水条件中上等的蚕豆产区种植。

35. 凤豆 16

品种来源：大理白族自治州农业科学推广研究院以 8911－3 为母本、以法国豆为父本地理远缘杂交系谱选育出的蚕豆品种。2012 年通过云南省品种审定，审定编号滇审蚕豆 2012002 号。2018 年通过国家品种登记，登记编号 GPD 蚕豆（2018）530028。2020 年推介发布为云南省农业主导品种。

特征特性：全生育期 170～178 d，属中熟品种，营养生长期（出苗至现蕾）45～60 d，生殖生长期（现蕾至成熟）100～119 d，花历期（始花至终花）43～48 d。株型紧凑，长势整齐，株高

98.27～103.65 cm，单株分枝数 2.65～2.90 个，单株有效分枝数 2.27～2.58 个，荚长 6.3～8.5 cm，荚宽 2.0 cm，单株实荚数 6.08～12.53 个，单荚粒数 1.75～1.84 粒，荚果与茎秆的夹角小。单株实粒数 15.84～20.15 粒，百粒重 109.53～117.46 g，种子粗蛋白含量 26.7%，单宁含量 0.38%，总淀粉含量 47.09%。单株籽粒产量 17.36～20.20 g，收获指数 44.92%～51.65%。抗锈病、赤斑病，中抗褐斑病，抗寒、耐旱。

产量表现：第 1 生长周期亩产 310.30 kg，比对照凤豆 1 号增产 14.76%；第 2 生长周期亩产 285.75 kg，比对照凤豆 11 增产 5.76%。

适宜地区：适合在云南海拔 1 600～2 400 m 的蚕豆产区种植。

36. 凤豆 14

品种来源：大理白族自治州农业科学推广研究院以 8817－6 为母本、以洱源牛街豆为父本，通过有性杂交选育的蚕豆品种。登记编号 GPD 蚕豆（2020）530016。

特征特性：株高 105.67～118.72 cm，单株分枝数 2.52～3.05 个，单株有效分枝数 2.27～2.70 个；荚长 8～10 cm，荚宽 1.9～2.0 cm，着荚角度小，荚果半直立，单株实荚数 11.47～14.17 个，单荚粒数 1.65～1.70 粒；单株实粒数 18.93～24.10 粒，百粒重 102.57～108.75 g；收获指数 41.62%～47.65%，单株籽粒产量 19.42～26.21 g；全生育期 175～180 d，属中早熟品种，营养生长期 42～43 d，生殖生长期 116～131 d，花历期 58～59 d。生长特点为营养生长期和生殖生长期相对较短，花期相对较长。粗蛋白含量 29.5%，粗淀粉含量 42.2%，单宁含量 0.54%，粗脂肪含量 1.04%。轻感锈病（冬蚕豆），抗赤斑病（冬、春蚕豆），耐冷性较强（冬蚕豆），耐旱性较强（春蚕豆）。

产量表现：第 1 生长周期亩产 362.00 kg，比对照凤豆 1 号增产 9.84%；第 2 生长周期亩产 403.50 kg，比对照凤豆 1 号增产 1.51%。

适宜地区：适合在云南海拔 1 600～2 300 m 的蚕豆产区种植。

37. 贵农圆满

品种来源：贵州力合农业科技有限公司以 CY－508 为母本、以 CD－808 为父本创制的干籽粒型蚕豆品种。登记编号 GPD 蚕豆（2024）520014。

特征特性：中熟。全生育期 180 d。冬性。叶浅绿色，花（旗瓣）紫色。单株有效分枝数 5 个。株高 75 cm，百粒重 86 g。单株有效荚数 16 个，单荚粒数 3 粒，成熟荚褐色，硬荚。籽粒近圆形，种皮褐色。子叶淡黄色。粗蛋白含量 26.80%，粗淀粉含量 44.40%。高抗锈病，抗赤斑病，耐冷性、耐旱性强。

产量表现：第 1 生长周期亩产 290.0 kg，比对照羊眼豆增产 11.54%；第 2 生长周期亩产 286.0 kg，比对照羊眼豆增产 11.72%。

适宜地区：适合在贵州地区秋、冬季种植。

38. 豆美 1 号

品种来源：重庆市农业科学院以通蚕鲜 8 号为母本、以（9913－2－1－2×6834－5－6）为父本有性杂交选育而成的干籽粒型蚕豆品种。审定编号渝品审鉴 202111。

特征特性：生育期 180 d 左右，株高 74.5 cm，单株分枝数 4.3 个；花色粉红、鲜艳，有限花序，盛花期 40 d 左右，具有较强观赏价值；二次分枝明显，中上部结荚习性，适合机械化收获；单株结荚 11.4 个，单荚粒数 2.2 粒，百粒重 55.8 g。种皮黄色，褐脐，干籽粒蛋白质含量 30.1%，淀粉含量 44.5%，脂肪含量 1.4%。

产量表现：2019 年冬季至 2020 年春季、2020 年冬季至 2021 年春季参加重庆市干籽粒蚕豆区域试验，平均亩产 130.1 kg，比对照成胡 18 增产 10.44%。

适宜地区：适合重庆蚕豆产区种植。

39. 籽缘大白皮

品种来源：四川省籽缘商贸有限公司以日本大白皮变异株为基础材料选育的鲜籽粒型蚕豆品种。登记编号 GPD 蚕豆（2019）510025。

特征特性：早中熟，有限花序，全生育期 180 d 左右。株型紧凑，株高 95～105 cm，茎秆粗壮，单株有效分枝数 2～4 个；叶色浅绿，叶片长卵圆形；开紫花，成熟时荚为绿色，硬荚，荚长 9～12 cm，籽粒中厚形，种皮褐色，种脐黑色。单株结荚数 12～16 个，单荚粒数 3～5 粒，单株鲜籽粒产量 300 g 左右，鲜籽粒百粒重 360 g 左右。粗蛋白含量 27.7%，粗淀粉含量 34%。中抗锈病、赤斑病，耐冷性中等。

产量表现：第 1 生长周期亩产 934 kg，比对照日本大白皮增产 13.2%；第 2 生长周期亩产 968 kg，比对照日本大白皮增产 14.4%。

适宜地区：适合在四川、云南、贵州及重庆秋冬季种植。

第四章 PART FOUR

栽培技术和模式

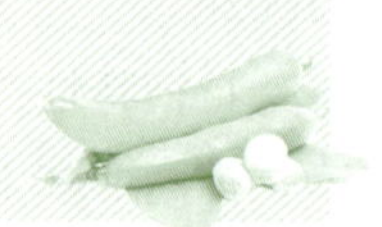

第一节 栽培技术

一、高寒阴湿区春蚕豆高产栽培技术

甘肃、青海等西北地区属于高寒阴湿地区，是我国春蚕豆生产的主要地区之一。许静等根据当地实际，研究总结了春蚕豆栽培技术，具有省工省时、成本较低、鲜豆上市早、经济效益好等特点，主要技术介绍如下：

1. 精选良种 选用籽粒饱满、甜度大、商品性好、抗逆性强、产量高、耐弱光的大粒菜用蚕豆品种。一般选择临蚕 5 号、临蚕 6 号、青海 11、青海 3 号、临蚕 10 号等，播前晒种 1～2 d。

2. 选地整地与施肥 选择地势平坦、土层深厚、土质肥沃疏松、土壤理化性状良好、排水条件好的地块。一般施优质农家肥 52 500～67 500 kg/hm^2、尿素 90～120 kg/hm^2、过磷酸钙 195～255 kg/hm^2、硫酸钾 120～150 kg/hm^2，为提高化肥利用率，可施入生物钾肥或生物磷肥 7.5 kg/hm^2。

3. 播种

（1）适期播种。一般当耕层土壤日平均温度达 8～10 ℃时，为适宜播种期，高寒阴湿地区以 4 月上旬为宜。

（2）合理密植。合理密植原则是“肥地宜稀，薄地宜密”。用点播器破膜播种，播种量为 300～375 kg/hm^2，每穴播 1～2 粒，播种深度 3～5 cm。采用等行种植，每畦点播 4 行，行距 30 cm，株距 20 cm，保苗 150 000～180 000 株/hm^2。播后用细沙或腐熟牲畜圈粪、草木灰等疏松物封住播种孔，并在地头覆膜播备用苗，用于移栽补苗。

4. 田间管理

（1）苗期管理。蚕豆出苗后及时查苗补苗，播种后遇降水时，要破除播种孔覆盖的土进行引苗，即在蚕豆子叶破土之前压碎板结，把幼苗从膜孔中引出。发现有缺苗的，要及时补栽，达到每穴 1 苗。

（2）适时追肥。苗期追肥一般用点播器在 2 株中间打孔进行根际追肥，施用氮肥加过磷酸钙，起到以磷增氮的作用。开花结荚盛期追施尿素 75～120 kg/hm^2，或在初花期用尿素 10.05 kg/hm^2 加磷酸二氢钾 1.5 kg/hm^2 溶于 495 kg 水中进行叶面喷施，根据缺素情况可喷施 0.03%～0.05%钼酸铵水溶液，以保证蚕豆结荚需要。

（3）适时打顶摘心。为了抑制植株顶部的伸长，减少养分消耗，促进籽粒早熟饱满，可在主茎长到 6～7 片叶，基部有 1～2 个分枝芽时摘心、摘除主茎，初花期去除分枝，盛花期打顶。打顶必须在晴天进行，动作要轻，防止摘花，一般摘除顶部 2～3 cm 即可。

5. 病虫害防治　应以农业措施为主，化学防治为辅。病虫害主要有锈病、蚜虫、潜叶蝇等，应及时拔除病株、病叶，积极保护利用天敌。锈病用 75%百菌清可湿性粉剂 800～1 000 倍液防治；蚜虫和潜叶蝇可用 20%斑潜净微乳剂 1 500～2 000 倍液，或 50%抗蚜威可湿性粉剂 150 g/hm^2 兑水 600～750 kg 喷雾防治。

6. 采收

（1）鲜食采收。适期采摘是保证鲜食蚕豆品质和提高效益的最后环节，一般在豆荚 7～8 成饱满时采摘。采摘时先摘中下部 1～3

层符合采摘标准的荚果，7～10 d 后再采摘中上部 3～6 层符合采摘标准的荚果，以此类推。

（2）干籽粒采收。蚕豆的最佳收获期一般为植株上的豆荚有 2/3 以上变成黑褐色、叶片枯黄脱落时。植株收割后，连茎秆一起晒干或风干，使豆粒得到充分的后熟。然后再趁晴天脱粒，防止淋雨，避免种皮变色而使商品性降低。

二、浙西南山区菜用蚕豆轻简化栽培技术

近年来，随着菜用蚕豆种子、肥药以及人工生产成本的增加，菜用蚕豆的种植效益下降，影响了种植者的积极性和产业的发展。为减少生产成本，钟洋敏等总结了浙西南山区菜用蚕豆丽蚕 3 号高效生产技术，可降低人工强度和生产成本，提高生产效率，达到菜用蚕豆的高效生产，现将其关键技术介绍如下：

1. 基地选择 为确保在 4 月 20 日前能采收上市，浙西南山区种植菜用蚕豆海拔应选择在 200 m 以下。同时为方便机械化生产作业，基地应选择交通便利、土地平整、土质肥沃、土层深厚，pH 6.0～8.0，水分充足的地块。基地 3 年内未种植蚕豆或与水稻轮作的最佳。

2. 整地施肥

（1）施基肥。整地前，施腐熟农家肥料 15 000 kg/hm^2，或优质商品有机肥 7 500～12 000 kg/hm^2，以及高浓度高磷高钾三元复合肥 600～900 kg/hm^2。土壤偏酸地块，增施生石灰 450～750 kg/hm^2。

（2）机械化整地作畦。施基肥后，用翻耕机械翻耕深度 20～25 cm，平整后选用机械作畦，畦面宽 1.2 m，畦高 25 cm 以上，沟宽 30 cm。

3. 专用有孔地膜覆盖 采用适合浙江、福建等地菜用蚕豆种植的有孔银黑地膜，地膜孔径为 10 cm，孔距（株距）为 35 cm。

4. 适期播种 浙西南山区播种适期为 10 月中下旬，以不迟于

立冬为宜。应选籽粒饱满、大小比较一致、无病斑的种子，亩用种量 4～5 kg。种植行距 60 cm，株距 35 cm，播种深度 4～5 cm，每穴 1 粒，为防止缺苗补苗，播种时应留部分的穴适当多播 1 粒。

5. 及时查苗、补苗和间苗　播种后约 20 d，待蚕豆苗长至 2 叶 1 心前后，确保能发芽出苗的已经出苗后，及时观察田间出苗情况。对于田间未出苗的穴，应从前面穴播两粒且长出两株苗的拔出 1 株，补到未出苗的穴，每穴均确保留 1 株苗。补苗宜在下午或阴天进行。在幼苗 2 叶后期至穴内苗均健康成活后，每穴留 1 株，去弱留壮，确保株数 34 500～37 500 株/hm^2。

6. 水肥管理

(1) 出苗至立春期间。播种出苗后，正值冬季低温季节，此时生长缓慢，因此在播种出苗至立春期间，基本不用追肥。在水分管理上，确保土壤湿润即可。

(2) 分枝期至初花期。视植株长势，酌情追肥。立春后施三元复合肥 300 kg/hm^2，以促进分枝；初花期用硼砂、钼肥、磷酸二氢钾作为叶面肥喷施。水分管理上，此时期为营养生长的关键时期，在确保水分的同时应注意防渍，减少赤斑病的发生。

(3) 开花结荚期。盛花期叶面喷施硼砂、磷酸二氢钾（7～10 d 1 次，共计 2 次）防止落花落荚。在水分管理上，保持田间排灌通畅，防止积水，视土壤和气候条件酌情灌水，以保持土壤湿润为宜。

7. 整枝　为提高产量促进萌发多生侧枝，当蚕豆植株长至 4～5 片叶时，及时进行摘心。浙西南山区一般在 12 月下旬至翌年 1 月下旬进行，应选择晴天，剪去主枝第 1 片真叶以上的枝叶，使养分集中供给次生茎，促进蚕豆多开花多结果。在蚕豆初花期，将一些小分枝、细嫩分枝除去，保证每株留 6～8 个侧枝，促进蚕豆集中用肥，利于增产。在去主茎、无效枝时，应选在晴天上午进行，且动作要轻，并视情况喷施杀菌剂，防止病害发生。

8. 打顶　在蚕豆开花后期（一般第 5 花序后）适时摘除顶心，能控制植株生长，保证开花结荚的营养生长需要，提高产量和产值。打顶时摘蕾不摘花、摘实不摘空，以提高坐果率及单荚重。在打顶整枝时，应选在晴天上午进行，并在打顶后视情况喷施杀菌剂。

9. 主要病虫害防治　在菜用蚕豆病虫害防治时应遵循“预防为主，综合防治”的植保方针，实行水旱轮作、加强田间管理。在浙西南一带主要病虫害有根腐病、赤斑病、褐斑病、锈病和蚜虫等。

（1）根腐病。菜用蚕豆根腐病主要危害根和茎基部，从苗期至花期都有发生，最终引起全株枯死。发病严重的时期主要是苗期。苗期受害主要表现为叶片发黄、萎蔫，然后出现烂根死苗的情况。蚕豆成株期发病表现为上部叶片开始呈黄绿色，萎凋下垂，叶片不脱落，病株矮小，其根部发黑，须根减少，主根缩短。根腐病绿色防控技术：一是因地制宜，通过合理轮作和间作减少病害发生；二是化学防治，播种前可使用甲基硫菌灵拌种处理，以消除残留组织上的致病菌；发生初期，及时使用 30%甲霜·噁霉灵、50%多菌灵、65%代森锰锌等药剂灌根，每 5～7 d 灌 1 次，连灌 2～3 次，注意交替使用。

（2）赤斑病。蚕豆赤斑病主要危害叶、茎、花以及嫩荚等部位，发病初期蚕豆茎叶上出现赤色的小斑点，后期逐步扩大为圆形斑；花发病时有棕褐色小点，在逐步扩展之后花冠开始枯萎；豆荚染病时在种皮上呈现小红斑。通常发生在容易积水、排涝差的酸性土壤中或低洼田内。在防治赤斑病时，可选择抗病性强的适栽品种，如丽蚕 3 号；或采用高畦深沟，选择排水性、透光性和通风性好的田块；或在蚕豆赤斑病发病初期通过喷施唑醚·氟酰胺、50%多菌灵、70%甲基硫菌灵等进行防治，每 7～10 d 喷 1 次，连喷

2～3 次。此外，为提高蚕豆抗赤斑病能力，发现病株后应立即销毁，防止病残体继续侵染。

(3) 褐斑病。褐斑病是蚕豆生产上的主要病害，主要危害叶、茎和豆荚。叶片感病，初发病产生暗褐色小斑，扩大后为椭圆形或不规则病斑，病斑边缘赤褐色，隆起，中央灰褐色，凹陷，密生轮纹状排列的黑色小粒点，即病菌的分生孢子器。发生严重时病斑连接成不规则大型病斑，潮湿时病斑灰褐色，天气干燥时病斑灰白色，干枯易穿孔。茎部染病，病斑多呈椭圆形，中央灰白色，稍凹陷，边缘赤褐色，易折断或枯死。豆荚染病，初始产生淡褐色小点，扩大后成暗褐色椭圆形凹陷病斑，病斑上生黑色小粒点，病菌可穿透危害种子，在种子表皮形成褐色病斑。生长中后期与蚕豆赤斑病混合发生危害，减产 15%～30%。蚕豆褐斑病防控：一是播种前用 2.5%咯菌腈悬浮种衣剂（适乐时）包衣后晾干播种；二是应急防治，发病前用 80%代森锰锌可湿性粉剂（大生 M－45、山德生）或 75%百菌清可湿性粉剂 600～800 倍液等喷雾预防，发病初期可选 25%吡唑醚菌酯乳油或 20%苯醚甲环唑微乳剂 1 500～2 000 倍液，或 18%戊唑醇微乳剂 1 000～2 000 倍液，或 430 g/L 戊唑醇悬浮剂（好力克）3 000～4 000 倍液，或 400 g/L 氟硅唑乳油（福星）5 000～6 000 倍液，或 30%苯醚甲环唑·丙环唑乳油 2 000 倍液等喷雾。常规防治：可用 46%氢氧化铜（可杀得叁千）茎叶喷雾覆盖全株，用药间隔 7～10 d，每季使用不多于 3 次。

(4) 锈病。蚕豆锈病主要危害叶片，也能危害叶柄、茎和鲜荚，在植株生长中后期发病。叶片染病，发病初期产生黄白色小斑点，扩大后病斑呈黄褐色或锈褐色隆起，发病中期斑点会不断扩大且颜色也逐步加深，形成夏孢子堆。锈病后期夏孢子堆会逐步形成深褐色椭圆形的冬孢子堆，最终表皮破裂后向左右两面卷曲，散发出黑色的粉末即冬孢子，其病原会通过气流传播，导致菜用蚕豆大面积发病。锈病防治中，应集成选用抗性品种，进行种子处理，采取深沟高畦等措施，在发病初期喷施40%腈菌唑可湿性粉剂3 000倍液，每7～10 d喷1次，连喷2～3次。

(5) 蚜虫。蚜虫是菜用蚕豆种植中最常见的虫害，特别是在苗期和花荚期发生严重，主要危害开花结荚期的生长点、叶、花和茎，使叶片卷缩、发黄、干枯，造成落花、落荚，导致植株生长发育不良，严重影响蚕豆的产量。在对其防治时以嫩梢、嫩叶等部位为重点，用46%氟啶·啶虫脒水分散粒剂8 000倍液对叶片正反面均匀喷雾，药液量以叶片刚好滴水为宜。

10. 采收　鲜食蚕豆采收时间应合理安排，一般花后40～45 d鲜重达最大值，此时最宜采摘。浙西南山区清明节开始采收，4月20日左右结束采收。采收标准为豆荚饱满，籽粒皮色淡绿，种脐部位有一条不明显黑线。采收宜在晴天早晨或下午湿度较低时进行，采收后鲜荚及时遮阴存放。可以连续采收2～3次，采收间隔期为5～7 d。

三、大理州四季鲜食蚕豆高产栽培技术

大理州常年种植鲜食蚕豆20 000 hm^2有余。根据不同海拔的播种期、鲜豆荚上市时间的差异性及气候特点，大理州农业科学推广研究院段银妹等研究提出了四季鲜食蚕豆高产栽培技术。四季鲜食蚕豆包括夏秋播鲜食蚕豆、冬早鲜食蚕豆和秋播鲜食蚕豆，播期6月中下旬至11月初，鲜豆荚上市时间9月中下旬至翌年6月中旬。

夏秋播鲜食蚕豆在6月中下旬至8月初播种，9月中下旬至12月初采收鲜豆荚；冬早播鲜食蚕豆在8月下旬至9月中旬播种，12月中下旬至翌年2月底采收鲜豆荚；秋播鲜食蚕豆在10月初至11月初播种，翌年3月初至6月中旬采收鲜豆荚。

1. 夏秋播鲜食蚕豆　夏秋播鲜食蚕豆适合种植在海拔2 000～

2 800 m 的高寒山区半山区。此区由于气候冷凉，病虫害较少发生，适合蚕豆生长，种植模式主要有 2 种。一是在山地单作鲜食蚕豆，采摘后休耕一季，并及时进行轮作；二是山地核桃树林下套种鲜食蚕豆，提高山地利用率。

(1) 品种选择。选择凤豆 6 号、凤豆 13 等适合本区域种植的优质品种，注重选择耐旱性品种。

(2) 选地及整地。选择冷凉山区半山区坡度小于 45°的平缓山坡地，土壤以沙壤土和山基土为宜，播种前用旋耕机对土地浅旋耕、整地。

(3) 播种时期。6 月 20 日至 8 月 10 日播种，分批播种、分批上市。但需要注意，山区半山区由于灌水问题，须在雨季来临后播种。

(4) 播种密度。可采用撒播方式进行播种，撒播后机耕开沟，沟距 3～5 m，蚕豆播种量为 375～600 kg/hm^2，基本苗控制在 30 万～45 万株/hm^2。

(5) 施肥。整地时一次性施普钙 450～750 kg/hm^2、硫酸钾 225 kg/hm^2，农家肥充足时撒施 22 500～30 000 kg/hm^2。

(6) 灌水。不具备灌溉条件的山区半山区，整个生长周期均依靠自然降雨。

(7) 及时防治病虫草害。草害防治，可在播种后 2～3 d 喷施扑草净进行封闭除草。在蚜虫及潜叶蝇发生早期及时喷施 50%氟啶虫胺腈水分散粒剂 90～135 g/hm^2，兑水进行防治。病害根据发生情况科学综合防治。

(8) 适时采摘。鲜豆荚采摘以豆粒充分鼓起、荚壳嫩绿时为最佳时期，豆荚采摘方式为“一树清”。

2. 冬早鲜食蚕豆　冬早鲜食蚕豆适合种植在海拔 1 500～1 800 m 的河谷温热坝区。此区温度适宜，水源丰富，适合蚕豆生长。农户种植模式主要有水稻—蚕豆、烤烟—蚕豆、玉米—蚕豆，大理州种植区域主要为弥渡县、南涧县、永平县坝区。

（1）品种选择。选择适合本区域种植的凤豆17、凤豆18、凤豆23等大荚大粒型优质蚕豆品种。

（2）选地及整地。选择在排灌方便的田地上，翻挖、碎土，整平土壤开沟，沟距1.5～2.5 m，沟深20～40 cm。

（3）播种时期。待前茬作物水稻、烤烟、玉米收获后确定具体播种时期，一般为8月25日至9月20日。

（4）播种密度。一般基本苗15.0万～19.5万株/hm^2，蚕豆播种用量180～225 kg/hm^2，播种行株距为30 cm×20 cm或25 cm×25 cm，拉线条点播。

（5）施肥。田地翻挖前撒施农家肥22 500～30 000 kg/hm^2，豆苗2.5叶期施普钙300 kg/hm^2、硫酸钾225 kg/hm^2。

（6）灌水。及时灌好现蕾开花水、盛花结荚水、灌浆鼓粒水等。

（7）及时防治病虫草害。草害防治，通过芽前喷施扑草净进行封闭除草。在蚜虫及潜叶蝇的发生早期及时喷施50%氟啶虫胺腈水分散粒剂90～135 g/hm^2，兑水进行防治。病害根据发生情况科学综合防治。

（8）适时采摘。鲜豆荚采摘以豆粒充分鼓起、荚壳嫩绿时为最佳时期，鲜豆荚根据成熟时间分多次采摘。

3. 秋播鲜食蚕豆　秋播鲜食蚕豆主要集中在海拔1 600～2 200 m的蚕豆主产区。此区温度适宜，水源丰富，适合蚕豆生长。播种期为10月，种植模式主要有水稻—蚕豆、烤烟—蚕豆、玉米—蚕豆，大理州种植区域主要为巍山县、大理市、洱源县、鹤庆县、剑川县、祥云县坝区。

（1）品种选择。选择适合本地区种植的凤豆13、凤豆21、凤豆23、凤豆24等。

（2）选地及整地。地下水位较高的冷浸田及湖滨地区蚕豆田选

用垄作栽培，开沟起垄，起垄前施厩肥 22 500～30 000 kg/hm^2，垄宽 50 cm，沟宽 50 cm，沟深 30～35 cm；其他地区选择在排灌方便的田块上开沟，沟距 1.5～4.5 m，沟深 20～40 cm。

(3) 播种时期。以盛花结荚期能够避过重霜冻为依据，确定不同生态地区蚕豆最佳播种时期。海拔 1 550～1 700 m 的豆作区 10 月 5—15 日播种，海拔 1 750～1 900 m 的豆作区 10 月 10—20 日播种，海拔 1 950～2 200 m 及以上地区 10 月 15—25 日播种。

(4) 播种密度。海拔 1 550～1 700 m 的豆作区播种基本苗 18.0 万～22.5 万株/hm^2，株行距为（15～18)cm×30 cm，蚕豆播种用量为 195～250 kg/hm^2；在海拔 1 750～1 900 m 的豆作区播种基本苗 27 万～33 万株/hm^2，株行距为 13 cm×26 cm 或 16 cm×20 cm，蚕豆播种用量为 375～510 kg/hm^2；在海拔 1 950～2 200 m 及以上豆作区播种基本苗 34.5 万～42.0 万株/hm^2，株行距为（13～15)cm×18 cm，蚕豆播种用量为 300～600 kg/hm^2；播种方式均采用拉线条点播。

(5) 施肥。播种后盖优质厩肥 22 500～30 000 kg/hm^2 或盖适量稻草，在豆苗 2.5～3.0 叶期施普钙 450 kg/hm^2、硫酸钾 150～225 kg/hm^2；根据《洱海保护条例》，在洱海湖边区的大理市、洱源县不施氮素化肥和磷肥，施用腐熟农家肥 22 500～30 000 kg/hm^2 或商品有机肥 6 000 kg/hm^2，在豆苗 2.5 叶期施硫酸钾 75～150 kg/hm^2。

(6) 灌水。及时灌好现蕾开花水、盛花结荚水、灌浆鼓粒水等。

(7) 及时防治病虫草害。在洱海湖边区，病虫草害防治优先采用农业防治、物理防治、生物防治，必要时使用低风险化学农药防治，其他地区可根据病虫害发生情况进行低风险化学农药防治。

(8) 适时采摘。鲜豆荚采摘以豆粒充分鼓起、荚壳嫩绿时为最佳时期，豆荚根据成熟时间分多次采摘。

四、干旱半干旱区黑膜蚕豆高产栽培技术

甘肃省定西市气候干旱，水分资源比较紧缺，为推进干旱地区蚕豆高效高产，甘肃省定西市农业科学研究院肖贵等开展了干旱半干旱区黑膜蚕豆高产栽培技术研究，主要技术总结如下：

1. **合理选茬** 选择土层深厚、土质疏松、肥力中上的旱川地或梯田地为主。蚕豆对前茬作物要求不是很严格，忌重茬。

2. **选用良种** 选用优质、高产、抗病性强、商品性好、适应当地生产条件的优良品种或地方名特品种，也可选用定西市农业科学研究院引进的青蚕系列、临蚕系列和当地马牙蚕豆，如青海 13、青蚕 14、青蚕 15、临蚕 6 号、临蚕 8 号、临蚕 9 号等。

3. **精细整地** 安定区十年九旱，前茬作物收获后及时耕翻灭茬、晒垡，充分接纳降水；雨季结束后及时耙耱收墒，土壤封冻前和春季解冻后碾压保墒，做到秋雨春用、春旱秋抗。前茬作物收获后整地时，要求达到地面平整，土壤细绵，无土块、无根茬。

4. **科学施肥** 施肥应该重基肥，巧施追肥，适当追施根外肥。结合耕翻土地，施优质腐熟农家肥 45 000 kg/hm^2 以上，施 N 150 kg/hm^2，N、P_2O_5、K_2O 以 1.0∶1.5∶1.3 为宜。基肥充足时，生育期内通常不再追肥，以免发生徒长而影响产量。蚕豆开花期用 2 g/kg 磷酸二氢钾溶液叶面喷施，每隔 7～10 d 喷 1 次，连喷 2～3 次。

5. **覆膜** 优选地膜，覆黑膜可保温增湿，后期可压制杂草，节省人力。首选机械覆膜，可省人力，减少人工成本。在机械覆膜前，应在膜卷中间的正面和反面钻小孔，使聚集在膜上的雨水顺小孔进入土壤里。蚕豆对干旱的承受力较差，尽量做到秋覆膜，可实现秋雨春用，春旱秋抗。

6. 播种

(1) 适期播种。一般在3月上旬至4月中旬播种，温度回升至0～5℃时力争早播，以利获得壮苗。

(2) 播种方式。合理密植是协调群体与个体生长，充分利用光能、空气和肥水条件，协调好单位面积上的分枝数、单枝结荚数、单荚粒数及粒重而获得高产的重要措施。一般采用穴播机或人工点播，点播后及时在膜孔上覆土。一般临蚕系列播种量240～300 kg/hm^2，即18万～21万粒/hm^{2}为宜；马牙蚕豆播种量330～405 kg/hm^2，即24万～27万粒/hm^{2}为宜。

7. 田间管理　播种后若膜孔处土壤板结，应及时松土，轻拍土块，但应防止拍打过重影响蚕豆出苗。蚕豆出苗后应进行查苗补苗，发现缺苗时及时补种。出全苗后应及时中耕除草，做到除小、除早，避免蚕豆与杂草竞争水、肥、气、热和空间，减少养分消耗，使蚕豆通风透光，水、肥、气、热协调。蚕豆苗高7～10 cm时进行第1次中耕除草，现蕾开花时进行第2次中耕除草，生育后期及时拔除行间杂草。蚕豆现蕾初期用20%速灭杀丁乳油1 500倍液喷雾防治蚕豆象，每7 d喷1次，连喷3～4次。

8. 适时收获　当大部分叶片枯黄脱落、上层荚果变黄、1/3以上荚果黑褐色时即可收获。适当推迟收获期可使籽粒充分成熟，保持种子色泽光亮，提高食用和商品价值。收获后应将整株蚕豆晒干，或风干后，然后打碾脱粒，严防湿脱或籽粒暴晒。

五、浙西地区鲜食蚕豆高产栽培技术

鲜食蚕豆为浙西地区冬季主栽作物种类之一，经济效益好，市场需求量大。郑国珍等从选用良种、选地与施肥、适时播种、田间管理、病虫草害防治、适时采收等方面介绍了浙西地区鲜食蚕豆的栽培技术，主要技术总结如下：

1. 选用良种　选用荚大、商品性好、食味佳的鲜食蚕豆品种，如慈溪大粒 1 号、苏蚕豆 3 号、苏蚕豆 4 号、通蚕鲜 6 号等。

2. 选地与施肥　蚕豆对土质要求不高，在贫瘠的土壤中也可正常生长。选前茬为非豆科作物、灌排方便、不易积水的田块，撒施腐熟有机肥 52 500～60 000 kg/hm^2、生石灰 450 kg/hm^2、氮磷钾三元复合肥（15－15－15）375 kg/hm^2 作为基肥，翻耕深 20～25 cm，肥土混匀后筑畦，畦宽 1～1.2 m、畦高 25～30 cm，沟宽 35～40 cm。

3. 适时播种　日平均气温达 10～15 ℃时播种，浙西地区一般于 10 月中旬至 11 月上旬播种。播前晒种 2～3 d 后用 15%三唑酮可湿性粉剂拌种（一般 100 kg 蚕豆种子使用 15%三唑酮可湿性粉剂 0.1 kg），然后将种子用塑料膜盖严闷 24 h 后即可播种。每畦播 2 行，行株距为 70 cm×40 cm，每穴播 2 粒种子，播深 4～5 cm，播后浇透水。播种密度 30 000～34 500 穴/hm^2，用种量 90～97.5 kg/hm^2。

4. 田间管理

（1）查苗补苗。出苗后应及时间苗、移苗、补缺，每穴留 1 株，保苗 30 000～34 500 株/hm^2。补苗宜在下午或阴天进行，补苗后浇透水。

（2）中耕除草。蚕豆整个生育期一般需中耕除草 3 次以上。株高 7～10 cm 时进行第 1 次中耕除草，疏松土壤，除灭杂草，促进根系下扎；株高 18～20 cm 时进行第 2 次中耕除草，结合中耕清理畦沟、培土，促进根系生长；株高 28～32 cm 时进行第 3 次中耕，主要目的是培土护根。中耕宜在开花前结束，开花后中耕会损伤植株底部的花和果荚，从而影响产量。

（3）科学施肥。鲜食蚕豆株型高大，生长旺盛，需肥量多，应根据蚕豆需肥规律合理施肥。苗期，在距植株 10 cm 处穴施氮磷钾三元复合肥（15－15－15）75 kg/hm^2；3 叶期，兑水浇施尿素 60 kg/hm^2，促进分枝；开花结荚期蚕豆需肥量最多，初花期在距植

株 15 cm 处穴施氮磷钾三元复合肥（15－15－15）300 kg/hm^2，开花结荚盛期叶面喷施 0.2%硼砂、0.3%磷酸二氢钾和 1%尿素混合液 450～600 kg/hm^2。

（4）整枝摘心。蚕豆主要以分枝结荚，主茎结荚少且易衰老。植株长有 4～5 片叶时进行摘心抹芽，每株留 4～6 个分枝；结荚初期进行打顶疏花，每个分枝留 4～5 个果荚，以提高坐果率及单荚重。整枝摘心宜在晴天进行，以利于伤口愈合。

5. 病虫草害防治

（1）病害。蚕豆病害主要有立枯病、赤斑病、锈病、枯萎病、褐斑病和炭疽病等，发现病株应及时拔除，并带至田外销毁。

① 立枯病。发病初期可喷洒 58%甲霜·锰锌可湿性粉剂 500 倍液，或 75%百菌清可湿性粉剂 600～700 倍液，或 72.2%普力克水剂 800 倍液防治，每 7～10 d 喷 1 次，连喷 2～3 次。

② 赤斑病。发病初期可喷施 25%咪鲜胺乳油 1 000 倍液，或 80%代森锰锌可湿性粉剂 1 500 倍液，或 60%唑醚·代森联水分散粒剂 800 倍液，或 70%甲基硫菌灵可湿性粉剂 1 000 倍液防治，每 7～10 d 喷 1 次，连喷 2～3 次。

③ 锈病。发病初期可选用 50%萎锈灵乳油 800 倍液，或 50%硫悬浮剂 200 倍液，或 25%敌力脱乳油 3 000 倍液防治，每 7～10 d 喷 1 次，连喷 2～3 次。

④ 枯萎病。发病初期可用 25%丙环唑乳油 2 000～3 000 倍液防治，每 7～10 d 喷 1 次，连喷 2～3 次；或用 45%噻菌灵悬浮剂 1 000 倍液加 95%敌磺钠可湿性粉剂 800 倍液浇灌豆田防治，每 7～10 d 灌1 次，连灌 2～3 次。

⑤ 褐斑病。发病初期可用 70%甲基硫菌灵可湿性粉剂 600～800 倍液，或 50%琥胶肥酸铜可湿性粉剂 500～600 倍液防治，每 7～10 d 喷 1 次，连喷 2～3 次。

⑥ 炭疽病。发病初期可用 80%炭疽福美可湿性粉剂 800～

1 000 倍液，或 58%甲霜·锰锌可湿性粉剂 800～1 200 倍液防治，每 7～10 d 喷 1 次，连喷 2～3 次。采收前 3 d 停止用药。

（2）虫害。蚕豆虫害主要有蚜虫和豆象等。蚜虫可用 20%吡虫啉 2 500 倍液，或 25%抗蚜威 3 000 倍液喷雾防治。豆象可用 50%马拉硫磷乳油 1 000～1 500 倍液，或 90%晶体敌百虫 2 000～3 000 倍液喷雾防治。

（3）草害。及时清除田间杂草是提高蚕豆产量的重要措施。播种前，用草甘膦 7.5 kg/hm^2 兑水 600 kg 喷施进行封闭除草；蚕豆破土出苗后，用乙草胺 750 g/hm^2 兑水 600 kg 喷施防除杂草。

6. 适时采收　蚕豆开花后 40 d 左右即可采摘，豆荚浓绿、单荚下垂、出现褐斑时为采收最佳期。采摘过早，籽粒含水多，口感过嫩，质量欠佳；采摘过晚，籽粒失水多，口感老，品质差。蚕豆采摘期为 15 d 左右，应抓紧时间采摘，以免错过最佳采收期。

六、冀西北崇礼蚕豆绿色标准化栽培技术

河北省蚕豆以优质而畅销国内外市场，主要分布在气候冷凉、工业欠发达、环境无污染的冀西北高寒山区，闫凤岐等对蚕豆传统栽培技术进行了优化升级。

1. 地块选择　选择生态环境良好、周围无污染源、土壤肥沃、有机质含量高、保肥蓄水能力强、通透性好、排灌良好的地块。

2. 轮作倒茬　蚕豆忌连作，轮作倒茬有利于增产。前茬以燕麦等禾谷类作物为最佳，其次为马铃薯、胡麻、玉米，轮作方式一般为燕麦—蚕豆—胡麻、燕麦—蚕豆—马铃薯、燕麦—蚕豆—玉米等，3 年轮作 1 次。

3. 整地　冬前（10 月中旬前后）采用深耕冻垡技术，耕深 20～25 cm，创造不适合病虫害发生的环境，减少用药量。4 月上旬至中旬进行顶凌耙耱，使地块平坦，上虚下实，耕层无坷垃，无较大残株、残茬，达到可播种状态。可以采用机械整地，也可以采

用畜力与人工相结合的方式整地。

4. 品种选择　选用抗病虫害、抗逆性强、适应性广、产量高、口味佳、商品性好的优良品种，目前崇礼地区多选用冀张蚕 2 号、冀张蚕 1 号。

5. 选种留种处理

(1) 精细选种。采用手工粒选，选择籽实饱满、色泽纯正、均匀一致的籽粒留种，剔除病粒、瘪粒、破碎粒、有虫眼或霉变的籽粒。

(2) 晾晒种子。播前进行晒种，选择晴朗无风的天气摊晒 1～2 d，摊晒厚度 3～5 cm，以达到杀菌、提高发芽率的目的。

6. 播种　气温稳定在 0～5 ℃时力争早播种。适宜的播种时间为 5 月中下旬。开沟深度 3～5 cm，行距 30 cm，株距 10～12 cm，播种量17.5 kg/hm^2，保苗 30 万株/hm^2 左右。播种的同时在垄沟内撒入高温发酵腐熟好的农家肥 15 000～22 500 kg/hm^2、磷酸二铵 150 kg/hm^2 作为基肥，种子、肥料施入后用耱均匀磨平地面，不露籽、露肥。撒籽均匀，不漏播、不断垄；播种与覆土深浅一致，播后及时压实。

7. 田间管理　当蚕豆幼苗长至 3～5 片真叶、苗高 5 cm 左右时进行第 1 次中耕除草，并去除黄化苗、退化苗。当植株开始现蕾后进行第 2 次中耕除草，发现异型杂株及时拔除。

8. 病虫害防治　冀西北蚕豆生长在高海拔冷凉区，病虫害发生少，因此生长过程不需采取病虫害化学防治措施，主要采取农艺防治措施达到安全生产。

(1) 选用抗病品种、无病种子，并适时播种，进行轮作倒茬，合理密植，开好田间排灌沟，除草时及时拔除病株，收获后及时清除田间病残体，消灭病害传播介质。

(2) 冬季低温时进行冬前深耕冻垡，减少病菌和虫卵数量，以降低翌年的病原基数和虫口密度。

（3）对于地势低洼、排水条件不好的地块，或由于特殊气候原因造成病虫害发生时，应及时进行化学防治。蚕豆象可用20%氰戊·马拉松乳油1 000倍液，或2.5%氯氟·啶虫脒可湿性粉剂1 500倍液喷雾防治，视发生程度每7 d防治1次，连续防治2～3次，重点喷施植株中下部的青豆荚。赤斑病等叶部病害可用50%多菌灵可湿性粉剂1 000倍液，或70%代森锰锌可湿性粉剂800倍液喷雾防治，发病初期每7 d防治1次，连续防治2～3次。

9. 收获

（1）收获鲜荚。分次采收鲜嫩豆荚，当植株中下部的嫩豆荚表面出现光泽，茎叶尚绿，嫩荚籽粒青熟、硬化前及时采摘，一般从8月中旬开始采摘，采摘2～3次，至籽粒成熟前结束。

（2）收获干籽粒蚕豆。9月上中旬待植株茎叶枯黄、叶片凋落、70%以上的荚果呈黑褐色、籽粒充分成熟时收获干籽粒蚕豆，收获后清除杂质和小、秕、破碎籽粒，然后分级装袋，安全储藏待售。

10. 加工包装

（1）鲜食荚。采收嫩荚，产品经检测合格后用聚乙烯塑料袋包装，每袋净含量0.5 kg，冷藏保鲜待售。包装应符合NY/T 658的要求，产品检测应符合NY/T 748的要求。

（2）蚕豆干籽粒。蚕豆干籽粒收获后，按照要求进行初加工、销售。根据籽粒直径大小分为四级：特等（12.5 mm以上）、优等（11.0～12.5 mm）、一等（10.0～11.0 mm）、二等（8.0～10.0 mm）。包装采用聚乙烯编织袋，每袋净含量50 kg，包装材料应符合国家食品包装卫生要求，所有包装材料均应清洁、卫生、干燥、无毒、无异味。

七、苏北地区鲜食蚕豆高产种植管理技术

苏北地区为江苏省重要的粮食主产区，是我国重要的粮仓和鱼

米之乡。近年来，鲜食蚕豆产业在苏北地区得到了快速发展，鲜食蚕豆也因生产周期短（采摘期比小麦提前至少 1 个月，为水稻提前播种和移栽提供了充足的时间）、秸秆还田效果好（可显著提高土壤有机质含量，培肥土壤）、经济效益高等优势，成为苏北地区特粮特经产业新的经济增长点，李传哲等对适用于苏北地区的鲜食蚕豆高产栽培技术进行了总结。

1. 选用良种及种子处理　选用籽粒较大、产量较高、茎秆粗壮且生物量大、抗寒抗逆性较好、食味佳的鲜食蚕豆品种进行种植，例如通蚕鲜 6 号、苏蚕豆 3 号等。因鲜食蚕豆种子富含淀粉，种皮较脆弱，芽体刺破种皮后易被病菌感染，故在播种前，需用 50%多菌灵进行拌种，拌种时，需严格控制多菌灵用量（适宜用量为 2 g/kg），以免烧苗。

2. 田块准备　鲜食蚕豆对土质的要求不高，故在苏北大部分地区均可正常生长，但鲜食蚕豆不耐涝，故宜在灌溉方便、不易积水的田块进行种植。在鲜食蚕豆种植前，田块需进行翻耕，翻耕深度约为 20 cm，并结合翻耕进行施肥，在肥土充分混合后作畦，要求畦宽约 1 m、畦高约 25 cm，沟宽约 35 cm。

3. 播种　种子发芽需要适当的温度和湿度，一般要求在日平均气温不低于 10 ℃时进行播种。在苏北地区，鲜食蚕豆一般以 10 月中下旬播种为宜，尽量不要超过 11 月，以免鲜食蚕豆苗出现冻害。采用条播或点播的方法进行播种，一般行距为 60 cm、穴距为 20 cm，每穴播 2～3 粒种子，播种密度控制在 12 万～15 万株/hm^2，播种深度为 3～4 cm（播种不宜过浅，以免影响出芽率）。播种后，若遇干旱，需浇透水。值得注意的是，播种时需确保播种质量，避免重新补种。苏北地区秋冬季易遇低温天气，重新补种会导致鲜食蚕豆生长不良，出现冻害，造成死株。

4. 田间管理

（1）查苗补苗。在鲜食蚕豆种子出苗后，及时进行间苗、移苗、补苗，确保每穴至少留 1 株苗。补苗一般在晴天下午或阴天进行，补苗完毕后需及时浇透水。

（2）中耕除草。在播种前，用草甘膦 7.5 kg/hm^2 兑水 600 kg 进行大田封闭除草。在鲜食蚕豆大田生长过程中，需进行 3 次以上的中耕除草，即在鲜食蚕豆株高 7～10 cm 时进行第 1 次中耕除草；在鲜食蚕豆初花期进行第 2 次中耕除草，以利于培根松土、促进根系生长；在鲜食蚕豆株高 28～32 cm 时进行第 3 次中耕除草，以利于培根松土。在鲜食蚕豆大田生长过程中，若遇降水过多，需相应增加中耕除草次数，即在每次降水后及时进行松土；若鲜食蚕豆种植密度较大并采用覆盖地膜的方式进行栽培，可减少中耕除草次数（因地膜会抑制杂草生长）。值得注意的是，最后 1 次中耕除草宜在鲜食蚕豆植株开花前进行，以免损伤植株底部的花和果荚，对产量造成不利影响。

（3）施肥。整个生育期需施肥 2 次，且因鲜食蚕豆的固氮能力较强，在其生长后期可不施用氮肥。

① 在播种前施用基肥，一般大田施氮磷钾三元复合肥 375 kg/hm^2，以满足鲜食蚕豆生长前中期的正常生长。有条件的地块，可适当补充腐熟的人畜禽粪肥、菜籽饼肥，或改良草木灰，施 15 000 kg/hm^2 即可，以提高大田土壤有机质含量及补充中微量元素。

② 在翌年 3 月底、鲜食蚕豆籽粒膨大生长前，需适当补充磷肥，一般大田施磷酸二铵 300 kg/hm^2，以增加鲜食蚕豆的结荚率和单粒重。

（4）水分管理。鲜食蚕豆喜湿怕涝。为保证鲜食蚕豆种子的发芽率，避免晚出苗和后期缺苗，在播种时要确保土壤湿润；在大田生长期间，若遇干旱，应及时浇透水，且浇透水后要及时排除多余水分，避免鲜食蚕豆植株长时间淹水，有条件的地块可进行喷灌、滴灌，以提高水肥利用效率，节省人力物力；在 4 月，苏北地区雨

水较多，遇强降水时，大田要及时排水，以免发生涝害。

(5) 摘心打尖。在 4 月鲜食蚕豆进入开花期后，当鲜食蚕豆植株开花到 10～12 层时，要及时进行摘心、打尖，以控制植株徒长，防止倒伏，提高坐果率和单荚重。值得注意的是，摘心宜选择在晴天进行，以利于伤口愈合。

5. 病虫害防治 依据苏北地区鲜食蚕豆的病虫害发生发展规律，坚持“预防为主，综合防治”的植保方针，科学进行病虫害综合防治，并禁用剧毒、高毒农药。

(1) 病害。在苏北地区鲜食蚕豆生产上，主要病害为由立枯丝核菌引起的立枯病、葡萄孢和灰葡萄孢引起的赤斑病、单胞锈菌引起的锈病、镰刀菌类引起的枯萎病、壳二孢菌侵染引起的褐斑病、菜豆炭疽菌引起的炭疽病等。除做好相应的防治措施外，发现病株应及时拔除，带出田间地头进行销毁，并将根系处土壤外翻暴晒以防传染其他植株。不同病害的具体防治措施如下。

① 立枯病。该病主要侵染鲜食蚕豆的茎、根，染病部位会出现黑色病变，可发生于鲜食蚕豆的各个生育阶段，若不及时防治，几周后整个植株即枯萎死亡。可在该病发生初期，喷施 58%甲霜·锰锌可湿性粉剂 500 倍液，或 75%百菌清除可湿性粉剂 600～700 倍液，或 72.2%霜霉威盐酸盐水剂 800 倍液进行防治，每 7～10 d 防治 1 次，连续防治 2～3 次。

② 赤斑病。该病主要危害鲜食蚕豆的叶、茎、花和幼荚，病症多从下部老叶开始出现，或在冷空气来临时出现，叶片受害后，最初形成赤色、针尖大小的小点，随后小点中央逐步变为赤棕色、并略有凹陷，小点周缘则变为浓棕色，呈卵状。可在该病发生初期，喷施 25%咪鲜胺乳油 1 000 倍液，或 80%代森锰锌可湿性粉剂1 500倍液，或 60%唑醚代森联水分散粒剂 800 倍液，或 70%甲基硫菌灵可湿性粉剂 1 000 倍液进行防治，每 7～10 d 防治 1 次，连续防治 2～3 次。

③ 锈病。该病可危害鲜食蚕豆的叶片、叶柄、茎、荚等，但以叶片受害为主，植株染病后，常出现叶片早枯。在发病初期叶片出现黄白色斑点，不久斑点变为红棕色、近圆形的突起疱斑，且叶片周围出现黄色晕圈。可在该病发生初期，喷施50%萎锈灵乳油800倍液，或50%硫悬浮剂200倍液，或25%敌力脱乳油3 000倍液进行防治，每7～10 d防治1次，连续防治2～3次。

④ 枯萎病。该病在鲜食蚕豆生育各阶段均可发生，但以在嫩荚期的发病率较高。染病后的植株生长逐渐衰弱，表现为植株矮小、长势较弱，叶色淡黄，叶尖、叶缘呈黑色，茎基部呈黑褐色，叶萎凋下垂。可在该病发生初期，喷施25%丙环唑乳油2 000～3 000倍液，每7～10 d防治1次，连续防治2～3次；或用95%敌磺钠可湿性粉剂800倍液加45%噻菌灵悬浮剂1 000倍液灌根，每7～10 d灌1次，连续灌2～3次。

⑤ 褐斑病。该病主要危害鲜食蚕豆的叶片、茎秆、果荚，受害部位最初出现暗褐色病斑，随后不断扩大，并变为椭圆形或不规则，且病斑边缘出现赤褐色隆起，病斑中央出现灰棕色凹陷；病害发生严重时，病斑会连成不规则的大病斑，在天气潮湿时，病斑为灰棕色，在天气干燥时，病斑为灰白色，且易穿孔。可在该病发生初期，喷施70%甲基硫菌灵可湿性粉剂600～800倍液，或50%琥胶肥酸铜可湿性粉剂500～600倍液进行防治，每7～10 d防治1次，连续防治2～3次。

⑥ 炭疽病。该病主要危害鲜食蚕豆的叶片，也可危害茎、荚。叶片在染病初期会分散出现暗红褐色小圆斑，随后扩展为中央浅褐色、边缘红褐色的小病斑；茎和叶柄在染病初期会出现红棕色小斑，后延伸为梭形至长条形病斑（长度可在10 mm以上）；豆荚在染病初期会出现红褐色至黑褐色小斑，随后逐渐变大。可在该病发生初期，喷施58%甲霜·锰锌可湿性粉剂800～1 200倍液进行防治，每7～10 d防治1次，连续防治2～3次。

（2）虫害。苏北地区鲜食蚕豆生产上的害虫多发生在春季，主要是蚜虫、蚕豆象等。具体防治措施为：

① 物理防治。可每间隔 240 m 放置 1 个功率为 15 W 的频振式杀虫灯进行诱杀，放置高度为距地面 1.5～2.0 m。

② 化学防治。可用 20%吡虫啉 2 500 倍液喷雾防治蚜虫；用 4.5%高效氯氰菊酯乳油 1 000～1 500 倍液，或 0.6%灭虫灵 1 000～1 500倍液，或 90%敌百虫结晶 1 000 倍液等喷雾防治蚕豆象成虫，均匀喷洒在整个植株上。

6. 适时采收　一般在开花后 40 d 左右（5 月中上旬）即可进行采摘上市，此时豆荚浓绿、单荚下垂、无褐斑，为最佳采收期。过早采摘，鲜食蚕豆籽粒小，影响产量；过晚采摘，鲜食蚕豆种皮变硬，品质和口感不佳。鲜食蚕豆的适宜采摘期一般在 10 d 左右，应抓紧时间进行采摘，以免豆荚发生褐变，影响鲜食蚕豆的商品外观和口感。

八、蚕豆稻茬免耕轻简绿色高效栽培技术

1. 品种选择　选用生育期适中，抗锈病、赤斑病和褐斑病，适应性广，株型紧凑，品质优，商品性好，口感好，成熟期一致性好的凤豆 6 号、凤豆 11、凤豆 24 等品种。

2. 精细整地　一般田块按 2～2.5 m 宽开沟，埂头较高的田块按 2.5～3.5 m 宽开沟，沟深 18～20 cm，沟宽 30 cm；地下水位较高的田块实施垄作，垄面宽 50～55 cm，沟深 30～40 cm，沟宽 40 cm，施厩肥 22 500～30 000 kg/hm^2，厩肥撒成条状，宽 50～55 cm，间隔 40 cm，挖取间隔区的泥土覆盖在厩肥上面，使垄面三面光滑。前作为玉米、烤烟的地块翻耕之前施厩肥 22 500～30 000 kg/hm^2，撒匀后翻耕整地，使土块细碎、平整，起垄，垄宽 1.0～1.5 m，沟宽 40 cm，沟深 18～20 cm。

3. 播种期　蚕豆播种期应以盛花结荚期能够避过重霜冻的出

现时间为依据，确定不同生态地区蚕豆最佳播种时间。即海拔1 400～1 700 m的蚕豆种植区9月25日至10月5日播种；海拔1 700～1 900 m的蚕豆种植区10月5—20日播种；海拔1950 m及以上地区10月15—25日播种。

4. 合理密植　海拔1 400～1 700 m的蚕豆种植区基本苗15万～22.5万株/hm^2，株行距为（18～20）cm×30 cm；海拔1 700～1 900 m的蚕豆种植区基本苗27万～33万株/hm^2，株行距为13 cm×26 cm或16 cm×20 cm；海拔1 950 m及以上蚕豆种植区基本苗34.5万～45万株/hm^2，株行距为（13～15）cm×18 cm。

5. 合理施肥灌水　稻茬免耕播种后覆盖优质厩肥或盖适量稻草；蚕豆苗2.5～3叶期施过磷酸钙225～300 kg/hm^2、硫酸钾150～225 kg/hm^2，不施尿素（在洱海流域的洱源县和大理市不施普钙和尿素）。湖边的县（市）为减少对湖泊的污染，应减少磷肥用量，播种时用7.5～15 kg/hm^{2}土壤磷素活化剂拌种，蚕豆苗2.5～3叶期施过磷酸钙225～270 kg/hm^2。整个生育期间应及时灌好现蕾开花水、盛花结荚水、灌浆鼓粒水等。

6. 病虫害防治　做好病虫害预测预报，用三唑酮等防治锈病；用吡虫啉防治蚜虫和潜叶蝇；蚕豆播种后3～4 d喷施封闭式除草剂。

7. 适时收获　收获干籽粒的以多数豆荚变黄，少数变成黑褐色，下部叶片枯死，上部叶片呈黄绿色为最佳收获期；鲜食豆荚以豆粒充分鼓起，豆荚嫩绿，不翻白色为最佳采摘期。

九、蚕豆栽培机械化管理技术

蚕豆是甘肃省康乐县的重要经济类作物，马继杰等探讨了该地蚕豆栽培机械化管理技术。

1. 合理轮作　可以采用交替轮作、间隔轮作或间隔播种等方式。第一年种植蚕豆，提高土壤氮素含量，改善土壤质地。第二年种植绿肥作物，增加土壤有机质含量，提高土壤保水性和养分含

量。建议选择大豆、紫云英等绿肥作物。第三年种植根系深的作物，建议选择玉米、甜菜等深根作物。第四年种植抗病虫害的作物，减少病虫害发生，保持土壤健康，建议选择大豆、花生等抗病虫害作物。第五年再次种植蚕豆，继续提高土壤氮素含量，改善土壤质地。

2. 机械化翻耕整地　合理选择种植地和进行适当的土壤翻耕处理对蚕豆的生长和产量至关重要。选择平坦、排水良好的田块。蚕豆对积水和湿润的土壤不耐受，因此应避免低洼、积水的地块。蚕豆适宜生长的土壤 pH 为 6.0～7.5。在蚕豆种植前的秋冬季节进行深翻耕作，选择使用旋耕机或者深松机对种植地进行机械化深耕作业，深耕深度一般控制在 30～40 cm，以改良土壤质地、增加土壤通气性和排水性，促进有机质分解和养分供给。还可以在春季播种前再一次进行旋耕作业，选择使用旋耕机将土壤表层翻松 10～15 cm 深，以减少土壤结块、改善土壤质地和提高排水性。结合土壤翻耕整地，追施完全腐熟的农家肥 15 000～22 500 kg/hm^2，或者选择使用商品有机肥 4 500～7 500 kg/hm^2，并搭配使用硫酸钾型复合肥 75～150 kg/hm^2，将其撒施后翻耕，以上施肥深度控制在 10～15 cm。

3. 机械化播种　播种通常在 3 月下旬至 4 月初，播种行距 35 cm，株距 15～16 cm，播种深度 3～5 cm，定植量 19.5 万株/hm^2 左右，用种量 300～345 kg/hm^2。播种之前要依据当地的气候特征和种植地的实际情况，选择相应的播种机，如平安林丰农机制造有限公司研发制造的 2BFCD-4 牵引型和 2BFCD-6 悬挂型蚕豆分层施肥点播机等。播种之前依据准备好的播种技术规范，加强机械设备的有效调整，保障播种深度一致，下籽均匀。根据播种面积和作业效率，合理调整播种速度，一般为 8～10 km/h。

4. 田间管理

（1）查苗补苗。在播种后 5～7 d 大部分蚕豆种子出苗后进行首次查苗，以后每周查苗一次，及时掌握苗情。首次补苗通常在10～14 d内进行。预先准备好蚕豆种子和适量的基质或育苗土。确保播种时的密度适宜，一般每穴1～2粒种子。

（2）机械化中耕除草。 一般在蚕豆幼苗出土后10～15 d进行初次中耕除草。在初次中耕除草后15～20 d，根据实际杂草的生长情况，可以选择进行二次中耕除草。蚕豆苗期中耕除草时，深度一般为10～15 cm，不宜过深，以免损伤蚕豆的根系和幼苗。可使用轮式或履带式耕碾机进行中耕除草。选择合适的机械工具能够提高工作效率。在进行机械化中耕除草时，应尽量保持耕作方向一致以避免漏耕或重耕。

十、鲜食蚕豆促成栽培新技术

用促成栽培新技术种植的鲜食蚕豆，可在元旦至春节期间上市。为促进该技术在上海地区的进一步推广应用，孙宇红等从蚕豆品种筛选及种子准备、催芽和春化处理、播种与育苗、土壤准备与种苗移栽、苗期管理、采收等环节，对上海地区蚕豆促成栽培新技术进行了总结。

1. 品种筛选及种子准备

（1）品种筛选。 宜选用优质、早熟、耐倒伏的鲜食蚕豆品种进行促成栽培，例如慈蚕1号、通鲜1号等。

（2）种子准备。 将鲜食蚕豆种子进行去杂、曝晒后，选择大小一致、籽粒饱满、无虫蛀的种子待用。

2. 催芽和春化处理

（1）催芽。 于8月4日左右，将鲜食蚕豆种子置于常温水中浸泡24 h，吸足水（浸泡12 h时清洗1次，再添加清水继续浸泡12 h），然后用清水清洗，盖上纱布等使蚕豆种子保持湿润，当40%左右的种子露白时，即可进行种子春化处理。

（2）春化处理（即冷藏处理）。将上述蚕豆种子用黑色塑料薄膜

覆盖后放入冷库或冰箱内，温度保持在 2～5 ℃，经过 20 d 左右的冷藏处理后，将蚕豆芽苗置于室温环境 1～2 d，让其适应自然环境。

3. 播种与育苗　育苗的设施大棚需进行 50%～60%遮阳。8 月底，在设施大棚内，将芽长至 3～5 cm 的蚕豆种子播种于装有基质（以泥炭为基质）的穴盘中，播种时蚕豆芽向下，种子间距保持 2 cm 左右，每亩播种量为 8～10 kg。播种完毕后覆土厚 1～1.2 cm，并浇水以保持基质湿润，直至幼苗出土。当蚕豆苗第 3 片真叶完全展开后，摘除主芽心叶，然后在遮阳网下养护 20～30 d，以促进茎部分枝，确保在移栽前蚕豆苗具 4～5 个健壮分枝。

4. 土壤准备与种苗移栽

（1）土壤准备。鲜食蚕豆忌连作，在选择鲜食蚕豆促成栽培田块时，选择上茬未种过豆科作物的田块。同时，应深耕土壤，以 20 cm 以上为宜。此外，结合深耕施足基肥，改善土壤理化性状，以利于鲜食蚕豆根系深扎和伸展，从而使其充分吸收土壤中的水分和养分，保证鲜食蚕豆正常生长发育。

（2）种苗移栽。鲜食蚕豆种苗的移栽密度宜为 7 000～8 000 株/亩，株行距宜为 40 cm×40 cm。一般于 9 月 15 日左右进行移栽，移栽后大棚需遮阳 15 d 左右，待种苗生长正常后拉开遮阳网。应注意在移栽时，可于栽培鲜食蚕豆的行间插种少量备用苗，用于补种栽培过程中的死苗。

5. 苗期管理

（1）预防缺苗和抑制徒长。上海地区 9 月至 10 月上中旬气温较高，大棚内温度更高，要及时关注幼苗长势，采用预备苗进行补苗，以防空缺。同时，高温使苗徒长、分枝密集，会导致蚕豆结荚稀少或不结豆荚，易出现倒伏。因此，可采用 10%多效唑 8 000 倍液喷雾 1 次，但在开花结荚期禁用多效唑，以免引起蚕豆荚畸形。

（2）温度调控。鲜食蚕豆开花结荚期的最适温度是 15～20 ℃。

因此，10 月下旬后可根据气候情况，覆盖塑料薄膜进行温湿度调控。11 月中旬后，昼夜温差大，当最低气温低于 12 ℃时，大棚内搭建内棚并覆膜，昼揭夜盖，以利于蚕豆苗健康成长。12 月上旬开始，最低气温降到 0 ℃左右时，及时覆盖大棚膜，并在大棚四周围上裙膜进行密闭保温，保持棚内温度在 15 ℃以上，以确保蚕豆荚膨大，避免温度太低而发生“僵荚”现象，进而影响蚕豆产量和品质。若遇晴天中午棚温过高，可适当通风。翌年 3 月，最低气温高于 10 ℃时，拆除内棚和裙膜通风降温。

(3) 整枝打顶。鲜食蚕豆具有无限生长的习性，当蚕豆植株分枝下部有 1～2 个小豆荚、植株开花达 10 层左右时，即可在晴天进行打顶，以控制株高，防止徒长，利于提高结荚率，保证豆荚的营养供给，促进豆荚膨大。同时，若植株分枝过密，要适当剪除病枝、弱枝及植株基部的老叶，以保持植株内部通风透光。

(4) 肥水管理。种苗移栽后浇透水，待土壤下沉后，用锄头把开裂的土整平，7～10 d 后浇第 2 次水。以后可根据天气和土壤干湿情况进行浇水，在蚕豆种植后 30 d 内保持土壤湿润，但不能太湿，以防烂根。鲜食蚕豆种苗移栽 1 个月后，每亩施腐熟有机肥 150 kg、过磷酸钙 50 kg。3 周后用 0.2%磷酸二氢钾进行叶面施肥，每 10 d 喷施 1 次，连续喷 3 次。

(5) 病虫害防治。上海地区鲜食蚕豆促成栽培的病害主要有赤斑病、锈病和枯萎病，虫害主要有蚜虫和蚕豆象，宜采用“预防为主，综合防治”的植保方针。病害防治的重点是加强田间管理，清除病残枝，以提高植株的抗病能力，必要时可使用 70%甲基硫菌灵可湿性粉剂 1 200 倍液喷雾防治赤斑病，使用 15%三唑酮可湿性粉剂 1 600 倍液喷雾防治锈病。鲜食蚕豆苗期易受蚜虫危害，可采用摘尖（叶）方法进行防治（即在个别植株上发现有蚜虫危害时，摘尖并带到田外销毁），或利用黄板诱杀蚜虫，在田间铺设或吊挂银灰薄膜驱避蚜虫，必要时可使用 50%抗蚜威可湿性粉剂2 000倍

液喷雾防治。

6. 采收　鲜食蚕豆春化栽培，从开花到青荚成熟需 20 d 左右。采用促成栽培的蚕豆，一般可在元旦后开始采收上市，可分批采收。

7. 注意事项

① 种子冷藏处理。温度低于 0 ℃种子易冻坏、不出芽；温度高于 6 ℃或冷藏时间少于 20 d 则种子达不到春化要求，蚕豆会迅速生长，从而造成植株不结荚或少结荚。

② 开花期和结果期遇到严重霜冻天气时，要加强对大棚温度的管理。

③ 蚕豆需肥多而全，在施肥过程中，应以施用充分腐熟的有机肥和过磷酸钙作为基肥为主，以追施钾肥为辅，防止植株徒长。

④ 应根据食用鲜荚的成熟度，及时分批采摘，以提高蚕豆的经济效益。

十一、闽中南地区大粒蚕豆露地促早栽培技术

近年来，闽中、闽南地区大粒蚕豆露地规模化种植面积稳步增长，产品上市期比传统栽培方法提早 60 d 以上，产量 22 500 kg/hm^{2}左右，批发价 6～15 元/kg，产值 1 万元以上。郭嫒贞等总结了春化处理、大田简易水肥一体化管理关键技术，具有早熟、省肥节水、高产、高效等特点，主要关键技术如下：

1. 品种选择　选择适合市场需求的优质、大粒菜用蚕豆品种，如陵西一寸、日本大白蚕、慈蚕 1 号等。

2. 选种、春化处理

(1) 精选种子。用于春化处理的蚕豆种子对质量要求较高。先对种子进行挑选去杂，选出饱满、无虫眼及裂口的种子，晒种 1～2 d。然后常温浸种 18～24 h（浸泡 12 h 时清洗 1 次，添加清水后继续浸泡），捞起转入带孔的塑料筐中，盖上湿布等以保持种子湿

润，待 60%左右的种子露白时，即可进行春化处理。

（2）春化处理。将催芽露白的种子用黑色塑料薄膜覆盖后放入 2～5 ℃冷库进行春化处理 18～20 d，当 60%左右的种子主根长 3～4 cm，嫩芽长 1～2 cm 时结束春化，然后将蚕豆嫩苗置于室温环境 1～2 d 后再直播于大田，以便嫩苗能适应自然环境。

3. 水肥一体化管理技术

（1）地块选择。蚕豆生长喜湿润、怕渍水、忌干旱、忌连作；宜选择未种过豆科作物的高产田块，前作最好是水稻。在 pH 6.2～7.5 的偏碱性土壤中增产潜力更大。

（2）整地施基肥。上茬作物收获后及时深耕晒田，大型旋耕机翻耕 2 遍后撒施基肥，施用商品有机肥 3 750～4 500 kg/hm^2、三元复合肥（16-16-16）50 kg，整地时要加深田块四周大沟，深沟高畦（畦带沟宽 1.4 m），做到三沟配套，确保雨停沟干。

（3）安装简易微喷设备。

① 安装首部设备和微喷带铺设。参照蔬菜膜下滴灌简易水肥一体化技术，完成田间供水系统首部设备安装和滴灌带铺设，外径 25 mm 双孔微喷带的长度控制在 30 m 以内，微喷带间距 30～40 cm。首部设备包括压力配套的水泵、稳定清洁的水源（如田块周边的沟渠或蓄水池）、外径 75 mm 软管（首部管）和外径 50 mm 软管（主管）、2 寸[①]等径三通。该套首部设备可重复使用 3～5 年。

② 覆膜。铺设好滴灌带后覆膜。事前向厂家预订带种植穴孔的黑色可降解地膜，膜宽 1.5 m，厚度 0.014 mm，穴孔直径 6 cm，穴距 60 cm（双行种植）或 30 cm（单行种植）。

（4）定植时间。福建中南部地区定植时间在 10 月 15 日以后，过早会因气温太高，不利于春化嫩苗成活和开花坐荚，影响产量。可相应提前 20 d 进行浸种催芽和春化处理。

---

① 寸为非法定计量单位，1 寸≈3.33 cm。——编者注

(5) 嫩苗定植。选择阴天或晴天下午进行定植，定植深度 2～4 cm，每穴 1 苗，同时在行间种少量备用苗，用于 1 周后查苗补苗。移栽后连续 3 d 滴灌活棵水，成活率可在 98%以上。福建省种植的行株距有两种，分别是 70 cm×60 cm（双行）和 65 cm×30 cm（单行）；双行种植基本苗 2.385 万株/hm^2，其优点是早期土地利用率高；单行种植基本苗 2.475 万株/hm^2，优点是田间通风采光良好，更利于后期植株生长。

(6) 肥水管理。蚕豆经低温春化处理后，开花结荚早，营养生长时间短，因此在施足基肥的基础上，宜及早追肥。第 1 次追肥在主茎摘心后一二级分枝发生时，根据苗情施 45～75 kg/hm^2 尿素；第 2 次追肥在一级分枝现荚后，施 150～225 kg/hm^2 高钾复合肥；开花结荚期结合喷药，叶面喷施 0.2%硼砂加 0.2%钼酸铵或 0.2%磷酸二氢钾混合液 3～4 次，保花、促荚，促进根瘤菌生长，提高百粒重。

4. 整枝、摘心　蚕豆摘心原则是“打卷叶不打展开叶、打实（茎尖）不打空、打晴天不打阴天”。摘心分 3 次进行，第 1 次在苗期，即主茎 4 叶 1 心、基部已见分枝时进行，摘除生长点以促进一二级分枝的发生；第 2 次于早发的结荚枝基部嫩荚长 2 cm 时进行；第 3 次于二级分枝第 8～10 层花开放时进行，同时去除细弱枝，每株保留有效分枝数 10 个左右且空间分布均匀，以保证良好的通风采光，提高结荚数。

5. 病虫害防治　福建省蚕豆露地栽培的病害主要有枯萎病和赤斑病，虫害主要有蚜虫和潜叶蝇。通过轮作、清洁田园、药剂拌种等措施可减轻枯萎病发生；苗期选用 50%灭蝇胺可湿性粉剂 3 000 倍液防治潜叶蝇；开花结荚期遇晨露重或有雾天气，及时用 70%甲基硫菌灵 1 000 倍液叶面喷雾预防赤斑病；田间悬挂黄板诱杀蚜虫或选用 10%吡虫啉可湿性粉剂 2 000 倍液防治蚜虫。

6. 采收上市　经过低温春化促早栽培的鲜食蚕豆，初始采收时间在 2 月上旬，可分 5 次左右采收。当下部豆荚膨大饱满，豆粒种脐开始变黑（如头发丝细）时即可采收。早春每隔数天市场批发价就会下调一档，通过分批多次及时采摘出售，可以获得更高的收入。

十二、大棚蚕豆再生栽培技术

大棚蚕豆是浙江省宁波市江北区冬春季的主要种植作物。朱昌实等进行了大棚蚕豆再生栽培技术研究，该技术具有缩短收获时间、延长鲜蚕豆的市场供应时间、每亩产值超万元的优点，包括选用日本大粒型系列蚕豆品种进行种植，科学施肥及防治病虫害，及时打顶，头茬蚕豆采摘后全部剪株等。主要技术总结如下：

1. 头茬蚕豆的栽培管理

（1）品种选用。优先选用日本大粒型系列蚕豆品种进行种植，如日本 180 粒、日本 200 粒、日本 250 粒、日本大蚕豆等；其次选用本地蚕豆品种进行种植。

（2）播种。为实现蚕豆提前开花结果，播种前种子需经 20～25 d 的低温春化处理。宜在 10 月 10 日至 11 月 10 日进行播种，一般 6 m 宽的大棚，整地作 4 畦，每畦播 2 行（也可整地作 3 畦，每畦播 3 行），株行距均为 50～60 cm，每穴播 2 粒种子（播种时，种子不能与肥料接触，以免影响种子发芽），确保大棚栽 3.75 万～4.5 万株/hm^2，用种量为 105～112.5 kg/hm^2。

（3）田间管理。

① 科学施肥。整地后挖好播种穴，穴施三元复合肥 150 kg/hm^2 作为基肥。在蚕豆植株开花时，喷施 0.2%～0.3%硼砂溶液 2 次进行追肥，喷施间隔 10 d。

② 打顶。当蚕豆植株高度达 70～80 cm 且开花结荚时，及时进行打顶（摘心）。

③ 防治病虫害。宁波江北大棚蚕豆生产中的主要病虫害有蚜虫、疫病、赤斑病、褐斑病等。具体防治措施为：鉴于蚜虫最易在蚕豆花期危害，需及时喷施25%吡虫啉粉剂1 000倍液；疫病可喷施10%世高粉剂1 500倍液；防治赤斑病、褐斑病除了采用降低田间湿度、增施磷钾肥等措施外，还可喷施50%多菌灵可湿性粉剂800～1 000倍液，或50%硫菌灵1 000倍液，每7～10 d防治1次，连续防治2～3次。

（4）收获。 3月中旬待鲜豆荚成熟后即可进行采摘。

2. 再生蚕豆的栽培管理 再生栽培蚕豆即利用再生能力，将植株整株剪去后，通过合适的温湿度和水肥管理，使植株再次抽生侧枝长成新的植株，再次开花结荚的一种栽培方式。

（1）剪株。 在头茬鲜蚕豆采摘后（约4月20日），将豆秆（植株）距地面5 cm以上部分全部剪去。

（2）施肥。 剪株后，施用三元复合肥150～225 kg/hm²，兑水浇施在蚕豆植株根系旁边；在开花期，施用尿素150 kg/hm²。

（3）防治病虫害。 病虫害防治同头茬蚕豆。

（4）收获。 在剪株后30 d左右，即可采摘再生蚕豆的鲜豆荚。

十三、浙西南山区菜用蚕豆水肥一体轻简化高产高效栽培技术

近年来，随着生鲜运输行业的蓬勃发展及居民膳食结构的不断优化，菜用蚕豆的种植面积持续扩大。其中，浙江省作为国内菜用蚕豆的主要产区，年种植面积维持在1.33万hm²左右，显著推动了当地冬闲田利用和农民经济增收。目前菜用蚕豆的种植仍主要依赖于传统模式，平均每亩产量约为1 000 kg，收益3 000～6 000元。然而，种子、肥料、农药及人工成本的逐年上升，已导致菜用蚕豆的相对经济效益逐渐降低，这不仅影响了种植者的积极性，也对产业的持续发展构成了挑战。因此，如何在不增加生产成本的前提下

有效提升单产，已成为蚕豆种植领域亟待解决的关键问题。

为了应对生产实践中的这一突出问题，钟洋敏等研究集成并总结了适用于浙西南山区的菜用蚕豆水肥一体轻简化高产高效栽培技术。该技术实现了“缺肥补肥、缺水补水、水肥一体”的精准管理，能够增加菜用蚕豆的有效分枝，提高结荚率，延长采收期，每亩产量可在 1 500 kg 以上，增产率超过 40%。此外，该技术通过减少人工投入和生产成本，提高了生产效率，实现了菜用蚕豆的高产高效生产。现将关键技术要点概述如下。

1. 品种选择 选择具有强结荚能力、大荚大粒、高比例三粒荚、优良食味品质的鲜食专用品种，如丽蚕 3 号、浙蚕 1 号、陵西一寸等。

2. 基地选择 为确保蚕豆鲜荚在 4 月成熟上市，浙江地区应选择海拔高度 300 m 以下、交通便利、土地平整、水源充足、排灌方便的地块，pH 6.0～8.0。基地 3 年内未种植蚕豆或与水稻轮作为最佳。

3. 整地作畦施基肥

(1) 施足基肥。整地前，每亩施腐熟农家肥 1 000 kg 或优质商品有机肥 400 ～500 kg、三元复合肥（15-15-15）35～40 kg。土壤偏酸地块，每亩增施生石灰 30～50 kg。

(2) 整地作畦。施足底肥后，使用翻耕机进行翻耕，深度以 20～25 cm 为宜。土地平整后，可以选用机械作畦，畦面宽 1.3 m，畦高 25 cm 以上，沟宽 40 cm。

4. 铺设轻简化水肥一体化系统

(1) 头部及管网系统铺设。

① 头部系统选择。选择水源充足、抽水灌溉方便的位置安装水肥一体化头部系统。根据水源与基地之间的距离及基地面积，确定水泵功率及控制面积。通常情况下，功率 3～4 kW 的水泵灌溉面积为 5～7 亩（0.33～0.47 hm^2），7.5 kW 的灌溉面积为 10～15 亩（0.67～1.00 hm^2），水分用量 63 m^3/h。在水泵上安装直径 2.5 cm

的7形PVC管，用直径3～5 m软钢丝管接通PVC管，中间安装一个控制阀门，在末端接口接上过滤网和40 L肥料桶。

② 管网铺设。头部系统安装完成后，继续安装直径9.0 cm的进水主管，连接主管的副管直径以6.0～7.5 cm为宜。根据控制规模，每3 335～4 669 m^2 或6 670～10 005 m^2 安装一个阀门开关。副管铺设至田间后，选用直径1.6 cm、孔距15 cm的滴灌带，一般每畦单列滴灌带长度不超过60 m，如果畦长度超过60 m，则在畦中间铺设副管，达到水肥均匀滴灌至根部的效果。

③ 专用有孔地膜覆盖。采用适合浙江、福建等地菜用蚕豆种植的有孔银黑地膜，地膜孔径为10 cm，孔距为35 cm。

④ 水肥一体化系统的使用。在灌水时需要关闭水泵的PVC管阀门；在进行水肥一体化灌溉时，则需要根据不同时期的肥料需求，选择相应的水溶性复合肥。为保证蚕豆高产，整个生长期间需要灌溉6～8次。本系统灌溉效率高，每2人可轻松灌溉100亩（6.67 hm^2）土地。

5. 播种 浙江地区播种适期为10月中下旬，最晚不迟于立冬（11月7—8日）。选择籽粒饱满、大小较一致、无病斑的种子，每亩用种量4.0～4.5 kg，播种深度4～5 cm，每穴1粒。部分穴可多播种1粒，以备后续补苗使用。

6. 苗期管理

（1）及时查苗补苗。播种后约20 d，当蚕豆苗长至2叶1心时，确保能发芽的种子已经出苗后，及时检查田间出苗情况。对于未出苗的穴，从已长出2株苗的穴中拔出1株，补至尚未出苗的穴，确保每穴保留1株苗。

（2）补苗或间苗。在幼苗2叶后期，穴内苗均健康成活后，每穴保留1株壮苗，去除弱苗，确保每亩株数保持在2 300～2 500株。

（3）去除主茎。当蚕豆植株长至5片叶后，及时摘除主茎。摘除主茎应选择晴天进行，剪去主茎留2片真叶，以促进次生茎的萌发和侧枝的生长。

（4）追肥促进分枝。出苗后至立春（2月4日左右）前，由于冬季低温，生长缓慢，基本无须追肥。立春后，当苗长至5片叶后，每亩施用水溶性三元复合肥（15－15－15）5～10 kg，以促进分枝。若苗情弱小，则需再追施一次。

（5）预防病害。当植株长出2～3片叶时，使用30%噁霉灵水剂300～500倍液防治蚕豆根腐病和立枯病。

7. 花期管理

（1）初花期管理。

① 追肥。初花期使用硼砂1 000倍液、磷酸二氢钾500倍液、芸苔素内酯3 000倍液作为叶面肥喷施，以防止落花落荚并促进生长。每亩滴灌追施水溶性三元复合肥（15－15－15）10～15 kg、生物菌肥1.5～2.0 kg。

② 控制分枝。为减少人工去除分枝，初花期可选用25%氟节胺乳油300～350倍液喷施，以抑制侧枝萌发，控制每株留10～15个分枝，节省人工及肥料，有利于高产。

③ 预防病虫害。该时期需要预防病毒病、锈病、灰霉病、霜霉病等，选用6%寡糖·链蛋白可湿性粉剂800～1 000倍液防治病毒病，40%腈菌唑可湿性粉剂3 000倍液防治锈病，40%嘧霉胺悬浮剂2 000倍液防治灰霉病，68.75%氟菌·霜霉威悬浮剂2 000倍液防治霜霉病。

（2）盛花期。

① 施肥。盛花期叶面喷施硼砂1 000倍液、磷酸二氢钾500倍液，每10～15 d喷施1次，喷施2次，防止落花落荚。每亩滴灌追施高钾水溶性三元复合肥（20－18－25）10～15 kg、生物菌肥1.5～2 kg，追施2次。

② 整枝。除去无效分枝、细嫩分枝，保证每株留10～15个侧枝，以节省肥料促进高产。

(3) 结荚期。

① 打顶。蚕豆开花后期，一般在第 1、第 2 始荚节位成功结荚后，开始摘除顶心打顶，促进植株生殖生长，提高产量。打顶时一般留 5～7 个节位的花序。打顶整枝时，应选在晴天上午进行，并在打顶后视情况喷施喹啉铜等杀菌剂防治锈病、疮痂病。

② 追肥。每亩滴灌追施高钾水溶性三元复合肥（20－18－25）10～15 kg、生物菌肥 1.5～2 kg，追施 2 次，每 7 d 左右追施 1 次。

8. 病虫害防治　在菜用蚕豆病虫害防治时应遵循“预防为主，综合防治”的植保方针，实行水旱轮作，加强田间管理。浙西南一带目前主要病虫害：赤斑病可用 65%甲硫·霉威可湿性粉剂 1 200 倍液防治，病毒病可用 6%寡糖·链蛋白可湿性粉剂 800～1 000 倍液防治，锈病可用 40%腈菌唑可湿性粉剂 3 000 倍液防治，蓟马可用 6%乙基多杀菌素悬浮剂 1 000 倍液防治，蚜虫可用 46%氟啶·啶虫脒水分散粒剂 8 000 倍液防治。

9. 采收　鲜食蚕豆采收时间应合理安排，一般花后 40～45 d 鲜重达最大值，此时最宜采摘。浙西南丽水地区应在清明节（4 月 4 日左右）开始采收，4 月 20 日前基本结束采收。采收标准为豆荚饱满，豆粒皮色淡绿，种脐部位有一条不明显黑线。采收宜在晴天早晨或下午湿度较低时进行，采收后鲜荚及时遮阳存放。可以连续采收 2 ～ 3 次，采收间隔 5～7 d。

第二节　栽培模式

一、鲜食蚕豆—水稻轮作模式

近年来，南方地区水稻收获后的冬闲田如何利用成为关注的热点，为此，各地的研发人员、技术人员和种植户们发挥优势，将鲜食蚕豆和水稻进行了轮作研究，实现了冬闲田的高效利用，现将有关技术总结如下：

（一）茬口安排

蚕豆在10月上旬至11月中旬直播，翌年5月中旬采收结束。机插育秧的水稻在4月中旬播种（视蚕豆采摘进度），湿润育秧的水稻在4月上旬播种，5月下旬插秧，9月下旬至10月上中旬收割。春化处理的蚕豆可在翌年2月上旬开始采收，4月上旬采收结束。

（二）鲜食蚕豆栽培技术要点

1. 品种选择　选用产量高、食味佳、商品性好、适应市场需求的鲜食蚕豆品种，如陵西一寸、浙蚕1号、丽蚕3号、通蚕6号等。

2. 春化处理　如选择低温春化处理种植技术，应在9月下旬浸种，将蚕豆种子先用噁霉灵或清水浸种18～25 h，取出后放置于通透的筐内，覆盖湿布进行保湿，在2～4 ℃的低温条件下催芽20 d左右，种子萌动露白（胚芽长出3 mm左右）时即可直播。

3. 精细整地作畦，合理密植　整地作畦时，施腐熟有机肥15 000～22 500 kg/hm^2、三元复合肥（17－17－17）750 kg/hm^2、磷酸二铵300 kg/hm^{2}作为基肥，精细整畦，一般畦带沟宽90～100 cm、畦宽30 cm、畦高30～40 cm，开好排水沟，覆盖银黑或黑色地膜，打种植孔。

种植密度视土壤肥力而定，每畦栽1行，株距30 cm，栽种3万～3.75万株（穴）/hm^2，用种量75 kg/hm^{2}左右。为保证全苗，在种植地另播总株（穴）数10%左右（种子量7.5～11.25 kg/hm^2）的预备苗，供缺株补苗用。

播种时每穴直播1～2粒种子，种芽朝上、种根朝下，播种深

度 3～4 cm，用整细后的田泥土盖种。出苗后应及时检查，发现病死株、缺株，在预备苗 3.5 叶时进行补苗，确保全苗种植，实现高产。

4. 科学施肥，强化水分管理　苗期以氮、磷、钾肥合理搭配为主，促进单株分枝，中后期以磷、钾肥为主，适时叶面喷施微肥，促进高产，提升品质；在施足基肥的基础上，进行 4 次追肥，并喷施叶面肥。

（1）轻施促苗肥。幼苗 3 叶期（苗高约 10 cm）时，用三元复合肥（17－17－17）37.5～52.5 kg/hm^2 兑水浇施或滴灌，促进幼苗生长。

（2）施好促发分枝肥。当苗达 3～5 个分枝时（第 1 次追肥后 10 d 左右），用三元复合肥（17－17－17）75～112.5 kg/hm^2 兑水浇施或滴灌，促进单株分枝。

（3）施足始花肥。在植株开始现蕾开花时，用三元复合肥（17－17－17）150～187.5 kg/hm^2 穴施。

（4）重施结荚肥。在开花结荚期用三元复合肥（17－17－17）225～300 kg/hm^2 穴施。开花结荚期注重叶面肥施用，可结合每次喷药时添加 0.2％硼砂＋0.3％磷酸二氢钾＋0.03％钼肥＋氨基酸有机叶面肥 1 000 倍液进行叶面喷施。

（5）水分管理。保持田间湿润，特别是开花结荚时应保持水分供应充足，以免造成花蕾脱落，影响幼荚发育。灌水时要做到速灌速排，切忌漫灌久淹，预防病害的发生。

（6）去主茎、打顶。在 5 片叶左右时，摘除主茎促生分枝。

在蚕豆生长过程中，为了增强田间通风透光，有效预防后期植株徒长倒伏，防止营养生长过旺造成大量落花落荚，促进蚕豆营养向籽粒集中，达到籽粒饱满，实现高产目标，需适时进行摘心打顶。蚕豆摘心打顶最佳时期是开花 10～12 层时。一般在 1 月中下旬时选择晴天进行摘心，以利于伤口愈合，同时去除苗高不到群体

1/2 的弱枝、病枝、无效分枝。

（7）适时采收，压青还田。采摘过早或过迟，会影响产量或品质，因此要把好采摘关，一般在蚕豆开花后 40 d 左右采摘，采摘标准为豆荚浓绿、豆粒饱满、单荚下垂，分期分批采收完毕后，如果有条件及时对蚕豆植株茎秆进行压青还田，培肥地力。

（三）水稻栽培技术要点

1. 选用优质、高产、抗病品种　选用适合当地温光条件、熟期适中、已通过品种审定的优质、高产、抗病品种，以中偏晚熟品种为佳，如中浙优 8 号、荃优 822 等。

2. 因地制宜，科学安排播插期　应视蚕豆收获时间、当地温光条件和水稻品种特征特性等情况而定，适当早播、早插；推广应用工厂化机插育秧技术、叠盘暗出苗技术，一般机插育秧在 4 月中旬播种（视蚕豆采摘进度），用种量 22.5 kg/hm^2，秧龄 18～20 d，5 月上旬机插秧；湿润（软盘）育秧在 4 月上旬播种，用种量 15 kg/hm^2，秧龄 25～28 d，5 月中下旬插秧；加强秧苗肥水管理，培育多蘖壮秧，施好送嫁肥（药）。

3. 合理密植，插足基本苗　机插秧行株距为 30 cm×(16～18) cm，手工插秧行株距为（24～26）cm×20 cm，插苗 18 万～21 万丛/hm^2，基本苗 60 万～90 万丛/hm^2，对分蘖力较差的品种可适当增加密植规格，确保插苗 21 万～24 万丛/hm^2。机插秧大田机耕时应耙平、耙烂，表层有泥浆，田面基本无杂草残茬，达到田平、泥软、肥匀的要求。大田应保留低水层，插秧后及时做好补苗工作，减少空穴率，提高均匀度，确保基本苗数。

4. 科学施肥，推行测土配方施肥　由于蚕豆茬口季的田间残留肥量较多，蚕豆压青还田量大（鲜秆达 37 500～45 000 kg/hm^2），后茬种植水稻的肥力较充足，应减少施氮肥量，掌握减前补中后、氮

磷钾肥合理搭配的总原则。基肥不施或少施，分蘖肥可结合封闭除草，在插秧后 7 d 左右施 0.3%吡嘧·苯噻酰 225 kg/hm^2 +复合肥（15-9-11）300 kg/hm^2；插后 25～30 d 对长势长相差、叶色淡黄的缺肥田块可施复合肥（15-9-1）150～225 kg/hm^2 作为平衡肥，叶色浓绿的田块可不施用。抽穗期和灌浆期结合防病虫，推广磷酸二氢钾进行根外追肥。

5. 开展水稻机械化生产作业，实现节本增效　在水稻生产过程中的机耕、机播、机插、机防、机收、机烘等环节，应用大型拖拉机犁耕、高速插秧机插秧、无人机防治病虫、高效收割机收获、机械运输、谷物机械烘干等机械化作业，充分利用现有的水稻工厂化机插育秧中心的设施设备，努力实现水稻生产全程机械化，提高作业效率和机械化水平，降低生产成本，提高种植效益。

二、早稻—再生稻—蚕豆栽培模式

孙珍凉等根据福建省晋江市耕作水平和土地条件，总结形成了早稻—再生稻—冬种蚕豆两种三收的新型栽培模式，增产、增收显著，主要技术如下：

（一）合理安排播种期，科学管理，适时收获

冬种蚕豆宜在 10 月中旬种植，翌年 3 月下旬开始收获，生育期 165 d 左右；头季稻在 3 月上旬播种，4 月上中旬插秧，7 月中旬收获；生育期 125 d 左右；再生稻 10 月上旬收获，生育期 70 d 左右，收割后种植蚕豆。

（二）早稻—再生稻栽培技术要点

1. 选用良种　选用具有再生能力的优质品种，如嘉优 99、岳优 9113、优 673、宜优 99 等。

2. 种好头季稻，适时早播，培育壮秧　头季稻必须早播、早栽、早收，才能保证再生稻生长和安全齐穗。可采用塑料软盘育秧，3月上旬播种，秧龄30～35 d，培育带蘖适龄壮秧。合理密植，采用宽行窄株种植，一般机插插足19.5万～22.5万穴/hm^2，基本苗达75万～105万丛/hm^2。

3. 科学施肥、管水　头季稻一般施足基肥，早施分蘖肥，巧施穗肥。施纯N 150 kg/hm^2、纯P 75 kg/hm^2、纯K 150 kg/hm^2，N、P、K比例按1∶0.5∶1配比。按水稻强化栽培控水强根的要求，插后寸水护苗返青，返青后湿润强根促蘖，够苗多次搁烤田，控制无效蘖生长，使土壤沉实；幼穗分化Ⅱ～Ⅲ期复水，保持田间浅水勤灌，灌浆期干湿交替，达到以水调气、以气养根、活根壮芽保叶的目的。机收前根据不同田块排水性能选择断水时间，以收割机碾压时稻田土壤不沉降破坏为宜；若断水时间太早，土壤干裂，严重影响再生芽萌发率，虽碾压破坏程度轻，但低节位腋芽萌发很少，产量较低。同时应及时防治纹枯病、稻飞虱、二化螟等病虫害。

4. 适时机收头季稻　头季稻以黄熟期收获为宜。留桩高度直接影响再生稻生育期；留桩低生育期长，留桩高生育期短，一般以保留倒2节芽，争取倒3、倒4节芽为原则，留桩高度10～20 cm比较适宜。早收割的稻桩适当低留，迟收稻桩可适当高留。

5. 再生稻管理

（1）适时施肥。头季稻收割当日把堆压在稻桩上的稻草及时清理于株间，并灌跑马水保持田间湿润。割后5 d左右，当稻苗长出约5 cm时灌入薄水，并施尿素150～225 kg/hm^2、氯化钾150 kg/hm^2，促早齐苗壮苗。

（2）合理灌溉。头季稻收获后10 d内是再生蘖生长时期，应保持田间湿润，田间干燥和积水都会影响稻桩的发芽力。收割后24～30 d，再生稻进入抽穗扬花期，田面保持浅水。灌浆期田面保

持干湿交替，以利养根保叶、籽粒充实饱满，提高产量。再生稻在齐苗以后，要注意及时防治二化螟、三化螟、稻飞虱等害虫和鼠、雀危害。

（三）蚕豆栽培技术要点

1. 适时播种，合理密植 采用品质优良鲜食型蚕豆品种慈溪1号，适宜播种期为10月中旬至11月初。播种前精细整地，做到土块细碎，土面平整；播种时保证播种密度，每穴播种1～2粒，用种量为7.5 kg/hm^2 左右；播种后及时浇水并覆盖薄膜，以保持土壤湿润利于出苗。

2. 注重磷钾肥，巧施氮肥 磷肥能促进根瘤菌的活力，增强固氮作用。钾肥能使茎秆健壮，增强抗病、抗倒能力。一般施鸡粪2 250 kg/hm^2、钙镁磷肥150～300 kg/hm^2 或复混肥750 kg/hm^2 作为基肥。追肥结合2次中耕进行，一次是幼苗期中耕结合追肥，施碳酸氢铵112.5～150 kg/hm^2，促使幼苗健壮生长，并有利于根瘤的形成；另一次是在蚕豆现蕾开花前，中耕结合培土施复混肥150 kg/hm^2，可起到防寒、增肥、防倒的作用。喷施叶面肥，可在蚕豆盛花初荚期，喷施0.2%～0.5%磷酸二氢钾补充养分。

3. 打顶整枝，防治病虫害 蚕豆打顶分2次进行，第1次在冬至前后打顶，摘除主茎生长点，促进提早分枝，增加有效分枝数；第2次整枝在30%～40%植株开始形成第一豆荚时，留10层左右花打顶，能提高结荚率20%左右。打顶时要掌握好以下几点：一是在晴天摘，二是摘蕾不摘花，三是摘实不摘空，四是要轻摘，一般摘除顶部2～3 cm即可。

蚕豆的主要病虫害有锈病、蚜虫、潜叶蝇等。锈病用75%百菌清可湿性粉剂800～1 000倍液防治，蚜虫和潜叶蝇用50%抗蚜威可湿性粉剂2 000～3 000倍液防治，或用50%杀螟硫磷乳油

1 000 倍液防治。选晴天喷雾，每 8～10 d 喷药 1 次。

三、覆膜芋艿套种蚕豆高产高效栽培模式

覆膜芋艿套种蚕豆是长江中下游地区特色种植模式，有利于土壤改良，可提高土地产出率和资源利用率，促进增产增收。徐仁超等结合江苏沿江地区生产实际研究总结了该技术模式，现将其介绍如下：

（一）品种选择

芋艿选用多子芋类香沙芋品种，如万年香沙芋艿、靖江香沙芋等沿江地区具有地方特色的优质品种。蚕豆品种选择通蚕鲜 7 号、通蚕鲜 8 号等。

（二）茬口配置

该模式采用 75 cm 等行距组合。芋艿行距 75 cm，株距 30 cm，栽植密度为 4.65 万株/hm^2；在芋艿行间套种 1 行蚕豆，蚕豆行距 75 cm，穴距 30 cm，每穴双株，栽植 9 万株/hm^2。

（三）栽培要点

1. 芋艿栽培

（1）选择种芋。选用红芽密节型品种或经脱毒组培的子芋作为种芋，用种量约 1 800 kg/hm^2。要求种芋顶芽饱满，球茎粗壮，形状完整，无病虫害，单颗重 50 g 左右。

（2）保温催芽。2 月底至 3 月初催芽。催芽前晒种 2～3 d，将种芋用 70%甲基硫菌灵可湿性粉剂 500 倍液配成泥浆进行灭菌。在大棚或露地背风向阳处做催芽床，要求床面平整、土壤疏松，浇足底水。将种芋芽朝上依次排列于床内，盖 2～3 cm 厚细土，用塑料薄膜覆盖，加草或其他覆盖物保温，催芽期间温度控制在 20～

25 ℃，防止烂种。待芽长至 2 cm 左右时移栽。

(3) 开沟播种。播种前，施腐熟农家肥 30 000～45 000 kg/hm^2，深翻，平整土地。3 月上中旬播种。用开沟壅土机按沟行距 75 cm，开宽 15 cm、深 20 cm 的播种沟。在沟内均匀撒施 45%硫酸钾型复合肥 450 kg/hm^2，按株距 30 cm 播种。播后芋芽顶覆土约 5 cm 厚，灌足水。

(4) 除草覆膜。由于地膜的保湿增温作用，膜下杂草生长迅速，为防止杂草滋生，用扑草净 1.8 kg/hm^2 或金都尔 1 125 mL/hm^2 进行土壤封闭，然后覆盖地膜。播后 2 周及时破膜放苗，引真叶出膜，避免阳光灼伤，尽量减小破膜口，以减少地温及湿度降低。5 月下旬至 6 月上旬，当最低气温稳定在 20 ℃以上时揭去地膜。

(5) 肥水管理。芋艿喜温喜湿，出苗前应少浇水，苗期保持土壤湿润，7～8 月植株需水量大，遇干旱天气需在傍晚或早晨利用垄沟浅灌慢淹。为避免土壤板结，提倡滴灌。雨水过多时，应及时排水防涝，防止因积水造成根际缺氧，导致根系腐烂；9 月后应适当控制水分，只要表土不干即可。追肥须遵循少量多次的原则。追肥分 3 次施用：第 1 次在 5 月下旬至 6 月上旬，当芋艿进入 6～7 叶期、少量植株基部叶片开始发黄时，追施 45%硫酸钾型复合肥 750 kg/hm^2，作为提苗发棵肥；第 2 次在 6 月下旬至 7 月上旬，芋艿进入 8～10 叶期，结合培土壅根追施复合肥 750 kg/hm^2，作为长芋肥；第 3 次在 8 月下旬至 9 月上旬，部分植株基部叶片开始发黄，出现早衰症状，应及时追施复合肥 300 kg/hm^2，作为防衰肥。

(6) 培土壅根。培土壅根是提高产量及品质的关键措施。培土壅根于 6 月下旬至 7 月上旬结合追施长芋肥进行，在培土壅根前，先清除主茎周围的分枝，施入肥料，用机械壅根起垄，垄高 15 cm 左右。

（7）病虫害防治。在6月对尚未发生病害流行的田块普遍进行药剂防护，可选用75%百菌清可湿性粉剂600倍液，或70%代森锰锌可湿性粉剂800～1 000倍液喷雾；7月对已经发生病害的田块，可选用25%甲霜灵可湿性粉剂500～600倍液，或58%甲霜·锰锌可湿性粉剂500～600倍液喷雾防治，每7～10 d防治1次，不同药剂交替使用，连续防治3次。芋艿主要虫害有斜纹夜蛾和红蜘蛛等。防治斜纹夜蛾可用5%氟啶脲乳油或50%虱螨脲乳油1 000倍液喷雾；防治红蜘蛛可用1.8%阿维菌素乳油1 000倍液，或15%哒螨灵乳油2 000倍液喷雾。

（8）适时采收与储藏。根据市场需求，中秋节或春节前收获上市效益好，可择时分期分批采收；储藏期间保持温度8～10 ℃、空气相对湿度70%～80%。

2. 蚕豆栽培

（1）适期播种。在10月中下旬至11月上旬播种。于芋艿行间开播种沟，每穴播3粒以达到成株2棵。播后覆土厚约5 cm，1～2 d内浇水。

（2）整枝打顶。种植当年12月至翌年1月，当蚕豆苗长到5～6片叶时摘除主茎，留下3～4片复叶。翌年2月上中旬去除主茎及病弱分枝，4月中下旬超过50%植株结2～3荚、荚长2～3 cm、约有8层花序时打顶摘心。将植株顶部未展叶层摘去2～3 cm，切勿摘到空心，以防进水腐烂，并做到“打干不打湿，打实不打空，打晴不打阴”。摘心打顶和整枝时动作要轻。

（3）水肥管理。蚕豆喜湿忌渍，应合理排灌。生长前期保持土壤湿润；中期土壤要干爽，畦沟有水；后期应注意防渍，做好排水。播前施45%复合肥（15－15－15）375 kg/hm^2、磷肥375 kg/hm^2，注意种、肥隔开避免烧苗。盛花期施尿素150 kg/hm^2。现蕾至初花期可叶面喷施硼砂2次。始花期、盛花期各喷施0.1%～0.2%钼酸铵溶液1次，并结合喷施0.2%磷酸二氢钾溶液。

(4) 病虫害防治。蚕豆病虫害主要有赤斑病、锈病、根腐病、潜叶蝇、蚜虫等。应以预防为主，采用无病种子及科学施肥、用水等；防治药剂可选用多菌灵、甲基硫菌灵、灭蝇胺等。

(5) 适时采收。以种皮呈绿色、种脐变黑前、籽粒饱满采收为宜。采收期一般为4月中下旬。

四、鲜食蚕豆套种春玉米高产高效栽培模式

鲜食蚕豆和鲜食玉米是浙江丽水等地的主要冬季作物和春季作物，蚕豆套种春玉米，可以使玉米提早上市20 d，此种模式有利于土壤改良，取得增效增肥节本的效果，其栽培技术要点如下：

(一) 蚕豆栽培技术

1. 品种选择　选择品质优、荚型大、商品性好、抗病性强、丰产早熟的慈蚕1号、丽蚕3号、陵西一寸、浙蚕1号等品种。

2. 适时播种　适期早播，分枝部位低，结荚多，产量高。蚕豆的适宜播种期为10月下旬至11月上旬，粳糯稻等迟种田块，采取育苗移栽，弥补种植季节。

3. 深沟高畦、合理密植　蚕豆需深沟高畦栽培，以防渍害，要求精细整地，畦面平整，畦连沟宽1.5 m，每畦中间播种1行蚕豆，株距30～35 cm，适宜密度掌握在1.95万～2.25万株/hm^2，实行单粒播种，用种量45～60 kg/hm^2，畦两边套种春玉米。

4. 合理施肥　蚕豆生长旺盛，比一般品种需肥略多，需要重施基肥。可施腐熟有机肥7 500～12 000 kg/hm^2，复合肥375 kg/hm^2作为基肥，3叶期施三元复合肥（15-15-15）225 kg/hm^2，促进单株分枝；6～7叶期结合中耕培土施三元复合肥（15-15-15）300～450 kg/hm^2，开花结荚期是蚕豆一生中需肥最多的时期，可在初花期施三元复合肥（15-15-15）450 kg/hm^2，结合病虫害防治，叶面喷施硼肥和磷酸二氢钾2～3次，初荚期施三元复合肥

(15－15－15) 450 kg/hm²，提高蚕豆产量和品质。

5. 打顶摘心、整枝　摘心是促分枝、早熟、早上市的主要措施，一般在4～5叶期摘心促分枝，争取冬前单株达到7～8个健壮分枝。翌年2月中下旬株高达到30 cm左右时，剪去主茎及弱枝，每株选留8～10个健壮分枝。在3月中旬蚕豆初荚期进行第2次摘心促早熟，每个分枝留6～7个花序。整枝摘心要在晴天进行，以利于伤口愈合。

6. 防治病虫害　蚕豆的主要病虫害有根腐病、赤斑病、锈病、病毒病、蚜虫和斑潜蝇。病虫害防治要以综合防治为主，药物防治为辅。主要措施：合理轮作，选用抗病品种，科学施肥，及时清沟排水以减轻病虫害的发生，在病害始发期选用对症农药及时进行防治。

7. 及时采收上市　鲜荚采摘期一般在蚕豆开花后40 d左右，荚果外观饱满、荚略微朝下倾斜时是采摘的最佳期，一般在4月中下旬。

(二) 春玉米栽培技术

1. 品种选择　选用早中熟、高产、鲜嫩时食味好的甜玉米或糯玉米品种。

2. 播种育苗　早播是提高鲜食玉米市场竞争力的有效措施，在2月中旬至3下旬播种，一般用种量糯玉米15.0 kg/hm²、甜玉米7.5 kg/hm²，落籽密度6.6 cm×6.6 cm；可整平秧地直接播种，或用营养钵育苗则更好，下种前施一定的种肥，种肥以氮、磷肥为主，播后必须采取小拱棚搭架覆盖，有利于早出苗、出齐苗，移栽前4～5 d施1次肥。

3. 及时移栽　移栽一般在3月中下旬，苗龄30 d左右时。移栽时秧苗两片叶方向与畦垂直，有利于通风透光。施足基肥，以沟施方式施有机肥22 500 kg/hm²，栽后浇定根水，早施苗肥，以少

量氮、磷肥为主，及时中耕除草，培育壮苗。

4. 种植密植　在蚕豆畦两边套种春玉米，株距根据不同品种而定，一般为 30～35 cm，栽植密度 4.2 万～4.5 万株/hm^2。

5. 重施攻苞肥　玉米大喇叭口期重施攻苞肥，施尿素 300 kg/hm^2、过磷酸钙 450～600 kg/hm^2，并结合中耕培土。抽雄时施尿素 75～120 kg/hm^2、钾肥 75 kg/hm^2。

6. 病虫害防治　玉米主要病虫害有大小斑病、纹枯病、锈病、二化螟和蚜虫，选用对症农药及时防治，同时注意农药安全间隔期，确保产品安全。

7. 适期收获　6 月中旬当玉米花丝呈褐色未干枯，压挤玉米籽粒呈硬性时分批采收。

五、高寒二阴区菜用春蚕豆（青豆）套种药用牛蒡一种两收高效栽培模式

甘肃兰州等地为高寒二阴区，昼夜温差大，平均温度低，无霜期短。漆文选等研究总结了高寒二阴区菜用春蚕豆套种药用牛蒡技术，经济效益显著，主要技术如下：

（一）选地选茬，精细整地提升土壤肥力

菜用春蚕豆、牛蒡为直根系，入土较深，种植时宜选土层深厚、肥沃疏松和排水良好的壤质地。忌连作，前茬选禾本科作物小麦等，其次为马铃薯、中药材，避免与油菜、豌豆和黄芪等轮作。前作物收获后早耕、伏耕和深耕消灭农田病虫杂草，晒垡，适时打耱熟化土壤，冬至后压实保墒，播前及时浅耕灭茬，提升土壤肥力促生长。

（二）选良种，处理种子

高寒二阴区无霜期短，在 135 d 左右，种植菜用春蚕豆多选株

型紧凑，荚长 10 cm 以上，3 粒荚比例高，粒大，粒色嫩绿，百粒重 180 g 以上，春性，抗病、抗倒优质高产的中晚熟品种，如临蚕 5 号、临蚕 8 号、临蚕 10 号、青海 13、青蚕 14 等品种。

用种量 270～300 kg/hm^2，播前对种子进行粒选和晒种处理，挑除杂质以及瘪瘦、破损、虫蛀、褐变种子，选后曝晒 2～3 d，杀灭虫卵和病菌，增温打破种子休眠，有条件时进行泥浆拌种，肥育种子，保全苗、促壮苗。

（三）施基肥

以有机肥为主，因地平衡施肥，菜用春蚕豆、牛蒡为喜肥作物且需肥较多，要施足基肥。施肥时以腐熟的优质农家肥为主，配施磷、钾肥，补施氮肥。施优质腐熟农家肥 22 500～30 000 kg/hm^2，配施磷酸二铵 225～300 kg/hm^2 或过磷酸钙 525 kg/hm^2，钾肥 75～150 kg/hm^2，补施尿素 60～90 kg/hm^2，纯氮、磷、钾比例保持在 1∶(1.5～3) ∶1.3。农家肥播前做基肥一次性施入。

（四）适期早播，合理密植

蚕豆种子发芽温度较低，为 3～4 ℃，8 ℃以上出苗生长，11 ℃以上现蕾，13～15 ℃开花，15 ℃以上结荚，16～20 ℃结实。苗期有抵抗低温的能力，适期早播，生长期气温较低可使根系发达、生长旺盛，花芽分化早、分枝多，茎秆壮，结荚部位低不易倒伏，同时虫害发生轻，结荚数、荚粒数和粒重增加，最终产量增加。地温稳定通过 0 ℃即在 3 月中旬播种为宜，播深 8 cm 左右。播种时采用种 3 行空 1 行的宽窄行种植形式，宽行距 20 cm，窄行距 18 cm，株距 15 cm，保苗 19.5 万～24 万株/hm^2，以利于通风透光和田间农事操作。结合播种菜用春蚕豆在空行内种一行牛蒡，用种量 30 kg/hm^2，穴距 50～60 cm，穴深 3～4 cm，每穴播 5～6 粒牛蒡种子，随播随覆土。

（五）促发壮苗早开花结果

1. 菜用春蚕豆田间管理　及时中耕除草，二阴区降雨多易形成草害，出苗60%时早浅除1次，苗齐后及时除草2～3次，现蕾前及时中耕培土，破板结、增温、保墒促生长。青豆出苗后勤观察，拔除病虫苗、劣质苗，及时带土移栽田间确保基本苗数。

促控结合，促豆粒饱满；当开花后雨水多，有旺长徒长现象时，在株高1 m左右，有10～12层花序时选晴朗天气摘心打尖，及时控制营养生长，促荚结粒。打尖时摘去未展开的花叶和生长点，以不见空心为宜。同时开花后每7～10 d，叶面喷施0.5%磷酸二氢钾和硼、锌肥水溶液，连喷2～3次，补磷、钾、硼、锌，延长叶片光合寿命，促进结荚和加速籽粒饱满充实。

2. 药用牛蒡田间管理　牛蒡第1年只形成叶簇，以培育壮苗为主，套种后1个月左右出苗，5月上中旬幼苗长出2～3片真叶时，结合浅松土除草间苗，此时牛蒡幼苗易受伤，须细致操作，4～5叶期结合除草拔除病弱苗进行初定苗。6月下旬至7月上旬进行第2次除草，结合除草追肥2～3次，一般每次施尿素75 kg/hm^2。9月越冬前追施磷酸二铵150 kg/hm^2。牛蒡第2年开花结籽，需促枝多开花结果增产，3月下旬至4月初返青后及时浅松土除草，5月中下旬基生叶铺开时停止中耕除草。当苗长至5～6片真叶时，结合松土除草追肥，追施尿素60～75 kg/hm^2、磷酸二铵300 kg/hm^{2}或过磷酸钙450 kg/hm^2，植株开始抽茎后追施磷酸二铵150 kg/hm^2，促分枝和籽粒饱满；株高10 cm左右时按株距50～60 cm，行距60～80 cm定苗，去弱留强，每穴留1～2株；开花期叶面喷施磷酸二氢钾等，每7～10 d喷1次，连喷3次以上，中后期见到杂草随时拔除，秋季多雨时及时排出田间积水。同时适时追肥，在保障优质生产的同时，控制氮肥用量。

（六）绿色防控病虫害，增产提品质

菜用春蚕豆、牛蒡苗期主要有地下害虫、蚕豆根瘤象、蚜虫等，生长中后期主要发生红蜘蛛、蚕豆赤斑病、白粉病、叶斑病等。防治上要采用轮作、深耕改土、增施腐熟农家肥、适时播种等无害化农业措施预防、早防。必须使用化学药剂防治时，对症选用高效、低毒、低残留农药，规范防治，确保质量安全、食用安全和药用安全。

（七）适时采摘，及时初加工

1. 青豆采摘初加工

（1）采摘时间和标准。7 月上中旬菜用春蚕豆生长到鼓粒期，籽粒处于蜡熟前，从外观上看豆荚由嫩绿变为深绿色稍发黄，荚内籽粒脐部浅褐色，此时籽粒嫩脆而甜最宜食用，要及时采摘。每隔 5～7 d 连续采摘 2～3 次，采摘后及时将荚果拉运剥取青豆粒。采摘鲜荚果要防豆荚失水萎蔫，同时要防发热变质降低商品性和可食性。青豆采摘结束后适时割去茎秆，为牛蒡生长提供有利条件，收割时注意防止损伤牛蒡幼苗。

（2）青豆剥取方式。剥前先用 75%酒精对剥粒工具进行消毒，消毒后再剖豆荚取青豆粒，取出豆粒后在清洁冷水中浸泡 2～5 min，再小心剥去种皮就成为菜用青豆。

（3）青豆分装冷藏。剥取后的青豆粒在无毒无害的小塑料食品袋内分装，每小袋装 0.5～1 kg，装后在 0～4 ℃（最佳温度 2～4 ℃）的低温下冷藏 30 min 左右，再装入特制的 25 kg 标准纸箱内冷藏后向外销售。一般产地低温下保存 2～4 d，保存时间过长菜用青豆会发黑变硬，失去食用价值。因此，采摘后最好及时剥豆粒随时加工销售。

2. 药用牛蒡采摘初加工

(1) 采摘标准。牛蒡种子成熟一般在第 2 年 9 月下旬至 10 月上旬。因生长发育和开花结果时间不一，成熟时间不统一，当牛蒡总苞发黄，种子黄里透黑时随熟随剪取成熟的果枝。

(2) 采摘时间和防护。采摘时间以阴天或晴天早晨 7 时左右有晨露时为最佳，采摘前做好个人防护，戴上手套、口罩、风镜，穿上防护衣防止牛蒡果实上的钩刺扎伤，同时系紧衣领、扎紧袖口和裤口，防止牛蒡果实上的茸毛侵入刺激皮肤。

(3) 采摘方式和打碾。采摘时站在上风口，先摘中下部符合采摘标准的 1～3 层果枝，相隔 7～10 d 后再采摘中上部符合采摘标准的第 3～6 层果枝。采摘 2～3 次待全部牛蒡果枝采摘完后集中晒干打取或用脱粒机脱取种子，然后除去瘪种子和杂质，再晒干用布袋或麻袋装起。另外，采收完后及时割取地上牛蒡茎秆，耕翻捡拾出根茬，及时整地以利于翌年耕种。

六、紫甘蓝—紫薯—蚕豆—豇豆—芹菜二年五熟高效栽培模式

江苏省南通市崔春梅等摸索出紫甘蓝—紫薯—蚕豆—豇豆—芹菜二年五熟高效种植新模式。该模式在一个轮作周期内，使紫甘蓝、紫薯、蚕豆、豇豆、芹菜实现了高产高效，主要技术介绍如下：

(一) 茬口安排

一般情况下 2 月紫甘蓝育苗，3 月大棚定植；4 月中旬紫薯育苗，6 月上旬移栽紫薯；11 月上旬播种蚕豆，翌年 5 月豇豆育苗及蚕豆收获，6 月定植豇豆，8 月收获结束；9 月直播芹菜。

（二）紫甘蓝栽培

1. 品种选择　早春保护地栽培，品种主要有 90 - 169 等。

2. 紫甘蓝播种育苗　2 月中旬于日光温室内进行育苗，应确保苗床有充足的基肥，施农家腐熟肥 13 kg/m²、复合肥 0.1 kg/m²。合理使用药物进行苗床区域的消毒处理，用 1 份甲基硫菌灵等可湿性粉剂加入 100 份土拌匀，其中 1/3 撒在床面作垫土，2/3 用于播后覆土。选择晴天播种，播种前浇足底水，待水渗下后，先撒施一层药土再均匀撒播种子，播种量 3 g/m²，播后均匀覆盖 1 cm 厚的细土。播种后，室内的温度白天 26 ℃、夜晚 16 ℃。幼小苗株整齐以后，将室内温度控制在白天 21 ℃、夜晚 11 ℃，在完成播种一个月左右，幼苗长出 3 片真叶时，及时分苗，分苗畦准备方法与育苗畦相同。在种植前一天浇足水分，预防幼苗受伤。两个月以后，当苗株长至 6～8 片真叶时进行定植。

3. 大棚管理　定植到缓苗期间保持较高温度，促进生根缓苗；浇水时，可施硫酸铵 120 kg/hm² 左右，促进缓苗和提高地温，全面提升抗性，缓苗后，还需进行浇水，之后进行中耕。

4. 病虫害防控　霜霉病发病初期应喷洒 72%霜脲·锰锌可湿性粉剂进行防治；褐腐病防治措施有施用充分腐熟的有机肥，浇水时注意浇小水，避免田间积水，发病初期喷 50%多菌灵可湿性粉剂 500 倍液；病毒病发病初期喷 20%病毒 A 可湿性粉剂 500 倍液进行防治；蚜虫可用 2.5%联苯菊酯乳油 2 000～3 000 倍液喷施防治；如果有菜青虫，可以喷施阿维菌素。

5. 收获　收获时切去根蒂，将外面的叶子去除，然后进行清洁处理，不可以出现泥土。

（三）紫薯栽培技术

1. 种薯处理　应选择抗性好、无病虫害的种薯，每块重量 180 g

左右，可选择日本紫薯王。在种薯育苗时，通常情况下应该在地里多养几天，以利薯块成熟，然后将其取出置阳光下晾晒 2 d，促使种薯干燥，并杀灭病菌。

2. 苗床和移栽地块整理　苗床宽 10 m 左右，挖深 15～20 cm，床底铺 1 层有机肥后浇水覆土。紫薯育苗宜采用大棚＋小拱棚＋地膜 3 层保温育苗，提早出苗后采用地膜覆盖栽培，以达到及早供应市场的目的。紫薯最好进行深耕深翻，移栽地整地前施足基肥，并做到氮、磷、钾平衡施肥。一般施优质土杂肥 60 000～75 000 kg/hm^2、尿素 150 kg/hm^2、过磷酸钙 600～750 kg/hm^2、硫酸钾 150～225 kg/hm^2 或草木灰 1 500～2 250 kg/hm^2。然后深耕深翻 25 cm 以上，加厚活土层，达到疏松、细碎，整平后起垄，垄距 80 cm，垄高 20 cm 左右。

3. 田间管理　移栽后及时浇水，以利成活。移栽 20 d 后，清除杂草，将沟中土培向畦中。生长中期，结合除草可提蔓 1～2 次，但收获前 1 个月不可提蔓。在定植成活后 40 d 内根据苗情追施硫酸钾型复合肥 75～150 kg/hm^2，生长 60 d 后不可再追肥。幼苗期应适当控制浇水防止徒长，促其根系向下生长。块茎膨大期，要保持地面湿润，防止块茎开裂，提高块茎商品率。

4. 病虫草害防治　病害主要有黑斑病、软腐病等，以生态防治为主。害虫主要有斜纹夜蛾、紫薯小象鼻虫、蛴螬等，通常在 7—9 月危害，在一至二龄期，叶面喷施 5%氟啶脲乳油或 5%氟虫脲乳油 1 000～1 500 倍液防治，可有效减轻危害。

5. 收获　轻挖、轻装、轻卸，防止紫薯皮和薯块碰伤。

（四）蚕豆栽培技术

1. 品种选择　选择紧凑性好、耐旱、优质、高产，且饱满光泽度好，没有虫害和霉变的蚕豆品种。

2. 施足基肥　以有机肥为主，施入 45 000 kg/hm^2 左右腐熟农家肥、375 kg/hm^2 过磷酸钙。

3. 播种　采用宽窄行种植，宽行行距 50 cm，窄行行距 25 cm，用种量 300 kg/hm^2 左右，播种深度 10 cm 左右。

4. 病虫害防治　在种植之前选择抗病性强的品种，病害要做好预防。出现蚜虫以后，用 50%抗蚜威 2 500 倍溶液，或 50%杀螟硫磷 1 000 倍液防治。

5. 适时收获　蚕豆作菜用时，依次采收成熟嫩荚，可采收 3～4 次。

（五）豇豆栽培技术

1. 选用良种　选择生长势强、抗病、高产、优质的豇豆适栽品种。

2. 整地播种　施腐熟农家肥 36 000～45 000 kg/hm^2、46%复合肥料 375～450 kg/hm^2、过磷酸钙 600 kg/hm^2 作为基肥。然后浅翻 18 cm，平整后起垄。垄宽 60 cm 左右，垄高 16～18 cm，沟宽 60～70 cm，穴距 28 cm，栽 120 000 穴/hm^2 左右，每穴留苗 3 株。5 月播种，播种前用 55 ℃温水加 0.1%高锰酸钾浸种 15 min，洗净后用清水浸泡 4～5 h，然后晾干播种。6 月定植于垄背上。

3. 大棚管理　移栽后浇足底水，结合中耕松土，促进根系生长。嫩角长到 3～5 cm 长时，每 7～10 d 浇 1 次水，保持土壤见干见湿。第 1 次浇水时追施尿素 225 kg/hm^2、硫酸钾 150 kg/hm^2，到开花结角盛期，清水肥水相间追施，一般追肥 2 次，第 1 次施磷酸二铵 300 kg/hm^2，第 2 次施尿素 150 kg/hm^2。

4. 病虫害防治　豇豆病虫害主要有锈病、蚜虫、潜叶蝇等。种植前选用抗病品种，与非豆科作物实行 3 年以上的轮作，及时拔除病株、摘除病叶，积极保护利用天敌。药剂选用除虫菊素、嘧啶核苷类抗菌素、苦参碱等。

5. 采收 一般播种后 60～65 d 开始采收，结角初期每 2～3 d 采收 1 次，盛期每天采收 1 次，采收期 50 d 左右。

（六）芹菜栽培技术

芹菜栽培可使用直播或育苗移栽。

1. 品种选择 宜选择清香味浓、质地脆嫩、纤维素少而无渣的品种，如黄心芹和津南实心芹。

2. 播前准备 施入有机肥 15 000～30 000 kg/hm^2，大棚内作畦，畦宽 1.2 m，沟宽 0.2 m，株行距 8 cm×10 cm，用种量 3 kg/hm^2。播种前，将种子搓去外壳进行低温催芽：先用凉水浸泡 6～12 h，去掉浮籽再浸 12 h，然后将种子用纱布装好放入 5 ℃左右冰箱保鲜室 1～3 d；处理后的种子与 5 倍细沙拌和，放在 15～18 ℃见光的地方，每天翻动 1～2 次，保持细沙湿润状态，经 5～7 d 当 80%种子发芽即可播种。

3. 大棚管理 播种后直接在畦面喷水淋透，视土壤墒情隔几天喷一次水，直至出苗。出苗后要及时间苗，防止挤苗，使苗匀苗壮。播后 1 个月株高 20 cm 左右时施一次三元复合肥 375 kg/hm^2。生长期间视土壤墒情浇水 2～3 次，遇到干旱时适当增加水分，促进芹菜生长。生长中后期，每隔 5～7 d 追施 1%尿素溶液，要勤施薄施；适时喷施含硼、钙、镁等元素的叶面肥，防止心腐、叶柄开裂。

4. 病虫害防治 芹菜斑枯病、早疫病：可用 60%氟吗·锰锌可湿性粉剂 600 倍液，或 75%百菌清可湿性粉剂 800 倍液，或 72%霜脲·锰锌可湿性粉剂 800 倍液喷雾；或每亩用 3 750 g/hm^2 百菌清烟熏剂进行烟熏防治。病毒病：发病初期可用 2%宁南霉素水剂 200 倍液防治。菌核病：可用 40%菌核净可湿性粉剂 2 000 倍液防治。软腐病：在发病初期用 50%琥胶肥酸铜可湿性粉剂 500～600 倍液，或 1∶（0.5～1）∶（200～300）波尔多液防治。蚜虫：

可用70%吡虫啉水分散粒剂15 000倍液防治。心腐病、茎裂病：为生理性病害，可喷翠康钙宝800～1 000倍液、翠康金朋2 000倍液矫治。

5. 收获 1月中旬芹菜株高达到40 cm，单株重35 g左右时即可采收上市。

七、大棚芋艿接茬春化蚕豆高效栽培模式

芋艿和蚕豆是苏南地区人们喜食的小杂粮品种。为提早芋艿的上市时间以及延长鲜食蚕豆采收期，陈红燕总结出了一套大棚芋艿接茬春化蚕豆高效栽培模式，为苏南地区设施大棚生产提供技术参考。

（一）茬口安排及品种选择

1. 茬口安排 大棚芋艿2月中下旬直播，8月始收；蚕豆8月中下旬播种育苗，经低温春化处理，到9月中下旬接茬定植芋艿田，第2年2月中旬始收，5月收获结束。

2. 品种选择 芋艿品种选择苏南传统优良品种新毛芋艿，特别注意芋艿连作障碍严重，第2年务必轮作。蚕豆品种选择通鲜2号等。

（二）大棚芋艿栽培技术

1. 田块准备 芋艿设施栽培应选择土壤肥沃、保肥、保水能力强，土层深厚、疏松、排灌方便的大棚，前茬清理后及时翻耕整地。起垄作畦，畦宽1.2 m，8 m大棚5畦，并且棚两边各留0.4 m，同时施足基肥，每亩施优质腐熟有机肥2 000～2 500 kg、三元复合肥100 kg。

2. 播种 选择健康的新毛芋艿子芋作为种芋，要求个头中等以上，芋头圆整，芽红色，无病斑、虫害痕迹。种芋越大含有的营

养成分越多，植株以后的生长发育会越好。芋艿喜温暖湿润的气候，在做好地膜、双层棚膜覆盖的情况下，苏南地区可提早栽植，延长生长期，大棚芋艿一般在2月中旬左右播种，温度在13℃以上才能发芽。在畦面上按行距60 cm，株距80 cm点播，播后覆盖地膜。

3. 田间管理　播种后需进行田间观察，发现种芽破土应及时进行破膜辅助出苗，并用泥土进行封孔，及时查苗补缺。地膜覆盖时间可持续到5月中旬，在追施肥料前揭膜，并注意地膜回收，或者使用可降解地膜。

出苗后，大棚白天打开裙膜通风，随气温升高，逐渐加大通风量，到4月中旬早晚都打开通风，不闭棚。芋头叶片大，蒸腾作用强，需保持土壤湿润，否则易发生黄叶、枯叶现象。前期由于气温低，生长量小，只需保持土壤湿度即可，特别是出苗期切忌浇水，以免影响发根和出苗。

中后期气温高，生长量大，需水量多，要保持土壤湿润，但灌水时间宜在早晚，尤其高温季节要避免中午浇水，否则易使叶片枯萎，造成生理性缺水。芋艿生长期长，需肥量大，耐肥力强。除施足基肥外，大棚地膜芋艿还需追肥两次。第一次在母芋膨大期，剔除地膜后，5月15—25日在两棵芋艿之间施高浓度三元复合肥600 kg/hm^2，然后培土1次，促进地上部迅速生长、母芋迅速膨大、子芋和孙芋形成。第二次在子芋膨大期，6月5—15日，施高浓度复合肥600 kg/hm^2，再次培土，促进子芋和孙芋迅速膨大。若基肥和母芋膨大肥用量足，可不施子芋膨大肥。

4. 病虫害防治　芋艿的病害主要是软腐病和芋疫病，主要害虫有蚜虫、斜纹夜蛾和红蜘蛛。遵循“预防为主，综合防治”的植保方针，以农业防治为基础，优先采用物理、生物防治，选用高效、低毒、低残留农药，不使用禁用农药，以确保芋艿的质量安全。

（1）农业防治。严格实行每年换田块轮作，选用无病子芋作种，减少地上部及地下部的机械损伤，清除被害叶片，加强田间管理等。

（2）芋疫病。属真菌性病害，主要危害叶柄、叶片和球茎，6—8月为发病高峰期。种子处理：用64%噁霜·锰锌可湿性粉剂1 500倍液或75%百菌清可湿性粉剂（达科宁）1 500倍液处理芋种。药剂防治：发病前于5月中旬开始用药，先用32.5%苯甲·嘧菌酯悬浮剂2 000倍液或64%噁霜·锰锌可湿性粉剂1 000倍液防治，对于已发病的田块，先用25%嘧菌酯悬浮液1 500倍液均匀喷雾，间隔1～2 d再喷1次53.8%氢氧化铜水分散粒剂1 000倍液。

（3）软腐病。属细菌性病害，危害地下球茎及叶柄基部，整个生长期都可发病。农业防治：加强肥水管理，发现病株及时拔除带走，同时在病穴周围撒石灰。药剂防治：用75%百菌清可湿性粉剂（达科宁）1 500倍液灌根，可在施肥前、培土后、割仔芋后各施1次。

（4）蚜虫。以成虫、若虫在叶背或嫩叶上吸食汁液，使叶片卷曲畸形，生长不良，并传播病毒病，严重时使叶片布满黑色霉层。防治方法：可用25%吡虫啉可湿性粉剂4 000倍液，或3%啶虫脒2 500倍液，或10%烯啶虫胺4 000倍液喷杀。

（5）斜纹夜蛾　幼虫食叶，严重时仅剩叶脉。防治方法：一般用5%氟啶脲1 500倍液，或10%溴虫腈1 500倍液，在幼虫三龄前喷杀。

（6）红蜘蛛。用3%阿维菌素1 500倍液，或10.5%阿维·哒螨灵1 500倍液，或5%氟虫脲2 000倍液喷雾防治。

5. 采收　8月中旬陆续采收上市销售。先割去地上部茎叶，然后用芋艿收获机将整穴芋艿翻起，再人工去除泥土，掰出子芋、孙芋，按母芋、子芋、孙芋等分级，并摆放在向阳处或田间，散湿后等待出售或储藏。

(三) 春化蚕豆栽培技术

1. 培育壮苗

(1) 播种期。播期以8月中下旬为宜。

(2) 种子处理。播种前将种子浸泡在有杀菌剂的药液里，为防止高温烂种，可放在低温条件下浸种24 h，捞出即可播种。

(3) 播种方法。选用50孔穴盘和蔬菜专用育苗基质，每孔播1粒，覆盖0.5 cm厚基质。

(4) 春化育苗。播完后浇足水置于冷藏库育苗层架上，在5 ℃低温条件下进行催芽春化处理，白天补光、通风，出苗后见干见湿持续20 d。

(5) 缓苗处理。低温春化处理20 d后，置于大棚设施内遮阳炼苗7 d。

2. 整地移栽 先施肥、整地、作畦，加装滴管，铺地膜，9月中下旬人工穴栽，移栽密度12 000～15 000株/hm^2，8 m宽的棚种5行，行距1.6 m，株距0.4 m；6 m宽的棚种4行，行距1.5 m，株距0.45 m。

3. 田间管理 移栽前，施有机肥15 000 kg/hm^2及过磷酸钙375～450 kg/hm^2；初花时，行间条施45%复合肥225～300 kg/hm^2。移栽后至11月，拆除大棚膜，最大程度通风降温，全天不闭棚；到11月底装上膜，夜间闭棚保温。到12月底气温低于5 ℃时，搭建小拱棚加盖二层膜；气温降到0 ℃以下时，夜间加盖无纺布等覆盖物保温，白天揭开无纺布和小棚膜，晴好天气上午10时至下午3时开启大棚膜通风；到3月中下旬，气温稳定在10 ℃以上，全天通风。苗期大棚内温度保持在12～15 ℃，营养生长期大棚内温度保持在16～18 ℃，开花结荚期大棚内温度保持在20～25 ℃；注意通风降湿，防止蚕豆徒长，土壤过干时用滴灌补水。

4. 植株控高 定植活棵10 d后，用烯唑醇20 g兑水20 kg进行喷雾，10 d 喷 1 次，连续喷 3～4 次，控制株高；当开花 8～10 层，初见植株结荚时，摘去顶部的 1 叶 1 心，去除多余分枝，每株控制在 8～10 个分枝。

5. 病虫害防治　大棚内温、湿度偏高，蚕豆常在 10 月下旬开始陆续出现病株和死苗。12 月下旬以后随着蚕豆根系、分枝增多，植株抗病力增强，病株率降低。对于大棚内的蚕豆病虫害，可进行综合预防：一是农业防治，实行轮作换茬、高畦深沟，严防积水、控制湿度，清除病株、清洁田园，降低病虫基数，减少或避免侵染性病害发生；二是物理防治，运用黄板诱杀蚜虫，放置 450～600 块/hm^2；三是化学防治，在病虫害发生初期，用高效低毒农药防治。

6. 采收　2 月中下旬开始，手握青荚感觉籽粒硬且不移动即可采收，直至 5 月露地蚕豆上市时结束。

八、苏州市芡实—菜用蚕豆水旱轮作栽培模式

孙惠玉等结合苏州当地实际研究总结了芡实—菜用蚕豆两种作物水旱轮作栽培技术模式等，主要技术如下：

（一）茬口安排

芡实品种可选用紫花苏芡、姑苏芡 2 号、姑苏芡 4 号等，4 月上旬催芽，4 月中旬播种，5 月中旬分苗假植，6 月中旬定植，8 月下旬至 10 月上旬收获；蚕豆品种可选用陵西一寸、启豆 1 号、日本大白皮、双绿 5 号等，10 月下旬至 11 月上旬播种，翌年 5 月上中旬收获。

（二）芡实栽培技术

1. 育苗

（1）苗床准备。苗床应选择避风向阳、土质肥沃、保水性好、

灌排方便、无杂草的田块，一般播种床面积与移苗床面积之比为1∶(90～100)，移苗床面积与大田种植面积之比为1∶(40～50)。播种床、移苗床可做成宽1.0～1.5 m、深15 cm、长数十米带有小拱棚的苗床。平整床面，床土厚12～20 cm，灌水深5～10 cm，清除藻类、浮萍等，待水澄清后播种。

(2) 种子准备。取出年前储藏的种子，剔除小粒、烂粒、嫩粒并淘洗干净。

(3) 催芽播种。用浅水缸或盆盛清水，浸没种子，以日晒来提高水温。气温较低时，白天覆盖薄膜增温，夜晚盖无纺布等保温，经7～10 d种子少量露白时播种，苗床播种量1.5～2.0 kg/m^2，播后苗床经常保持浅水层。

(4) 分苗假植。幼苗长出1～2片圆叶时，带籽起苗假植，株行距40 cm×40 cm。假植时，要防止泥土埋没心叶。

2. 大田定植

(1) 大田准备。宜选择地势平坦、排灌方便、保水性好的水稻田、低洼田等田块，忌连作。施腐熟有机肥7 500 kg/hm^2，耕翻耙平，耕深30 cm，清除杂草、藻类、浮萍等。田块四周筑高60 cm、宽40 cm的田埂。定植前3～5 d按株行距2.2 m×2.2 m挖锅状穴，深15～20 cm，上部直径60～80 cm，在每个定植穴内施三元复合肥0.1～0.2 kg，并与泥土拌匀。

(2) 定植时间。当苗具有3～4片圆叶时即可定植。

(3) 起苗与运输。起苗应用手抄到根系底部挖起，尽量少伤根。挖出后可将根部泥土洗净，有序摆放。及时装运到定植田块定植。

(4) 定植。每穴定植1株，定植时先将较长的根系盘成较松的根团，放到穴底，用稍硬的泥块压住根系，然后用稍硬的泥土培土。在近田埂边的行间可适当假植一些秧苗，以备补缺。

3. 田间管理

（1）补苗与壅土。定植 10 d 后可分批将定植时扒开的泥土回填穴内，以不埋心叶为准，如有缺株及时补栽。

（2）除草。定植后 7～10 d，捞除浮萍、拔除杂草，封行后停止除草。

（3）水分管理。定植初期保持水深 10 cm，随着植株的生长，水深逐渐加深到 30～50 cm。

（4）追肥。一般分 3 次追肥，以三元复合肥为主。定植后 10～15 d 进行第 1 次追肥，每株 0.15 kg；隔 15～20 d 进行第 2 次追肥，每株0.15 kg；第 3 次在封行前每株追施 0.3 kg，另加硫酸钾 0.1 kg；在开花结果期结合用药，可叶面喷施 0.2%磷酸二氢钾和 0.1%硼肥 1～2 次。

4. 采收　常年在 8 月下旬开始分批采收，共计采收 10～12 次，至 10 月上旬结束。一般间隔 5 d 采收 1 次，盛期间隔 3～4 d 采收 1 次。

（三）菜用蚕豆栽培技术

1. 田块整理　芡实采收结束后及时在田块四周开沟排水，沟深 30 cm、宽 25 cm，中间隔 4.4 m 开 1 条沟，沟深 25～30 cm，以利于中间排干水分。待土壤稍干时，进行耕翻，作畦，畦连沟宽 1.1 m。

2. 播种　10 月下旬至 11 月上旬播种，每畦双行种植，株距 60 cm，每穴 3 粒种子。

3. 中耕除草　苗期中耕 2～3 次，中耕的同时结合除草、培土、清沟，开花前再中耕 1 次。

4. 采收　常年在 5 月上旬开始收获。采收嫩荚从下而上，每隔 7～8 d 采收 1 次，在籽粒肥大饱满、颜色由深绿变淡绿、荚面露出网状纤维时采收。

九、大棚黄秋葵—鲜食蚕豆高效栽培模式

浙江省宁波市奉化区俞庚戌等经试验研究，探索出大棚黄秋葵—鲜食蚕豆高效栽培模式。该模式是在大棚黄秋葵收获结束后又种鲜食蚕豆，前作茎秆可作为后茬支架循环利用，节省后茬搭架的材料和人工成本，采收上市早、时鲜好销，经济效益高，现将技术总结如下：

（一）茬口安排

大棚黄秋葵一般在2月上中旬播种，4月上中旬移栽，5月中下旬开始采收嫩果上市，9月下旬采收结束。大棚鲜食蚕豆一般在8月下旬播种育苗并进行春化处理，9月中下旬移栽，翌年2月下旬开始采收，4月上旬采收结束。

（二）黄秋葵栽培技术

1. 品种选择 可选择翠娇、爱丽五角、绿空328等早中熟品种。

2. 种子处理 播前先晒种1～2 d，之后将种子放入55 ℃水中浸种15 min并不断搅拌，然后将种子放入20～30 ℃水中浸种4～5 h，浸种后将种子淘洗干净，放在25～30 ℃的条件下进行催芽；当70%以上种子露白时即可播种，包衣种子无须进行种子处理。

3. 播种 2月上中旬将经过催芽处理的种子播在50孔或25孔塑料育苗盘中；播种前用蔬菜育苗专用基质装盘，装盘后刮平盘面，浇透底水，每孔播种1粒，播种后用基质盖种，然后平铺地膜并覆盖棚膜。

4. 苗期管理 黄秋葵种子发芽需要较高的温、湿度，播种后一般白天温度保持在25～30 ℃，夜间温度不低于15 ℃，待1/3

种子顶土后揭去地膜；出苗后白天温度可降至 22～25 ℃，夜间温度 13～15 ℃；早春若遇低温寒潮天气温度降到 8 ℃以下时会停止生长，严重时产生“白化苗”，应及时保温或加温；苗期见干见湿，湿度保持在 75%～85%，定植前 7～10 d 逐渐加大通风量进行炼苗，白天温度 20～23 ℃，夜间温度 10～12 ℃；苗期病害一般较少发生，无须防治，虫害主要是蚜虫、蓟马，可用 20%啶虫脒可溶粉剂 2 000 倍液，或 10%烯啶虫胺水剂 1 200 倍液喷施防治。

5. 整地施基肥　移栽前 10～15 d，中等肥力地块一般均匀撒施腐熟农家肥 22 500～30 000 kg/hm^2，或商品有机肥 7 500～9 000 kg/hm^2、钙镁磷肥 750 kg/hm^2、三元复合肥 300～450 kg/hm^2 作为基肥，再撒施 3%辛硫磷颗粒剂 30 kg/hm^2 防治地下害虫。结合翻耕按畦宽 120～150 cm、沟宽 30～40 cm 整地作畦，每畦中间摆放一根滴管，畦面铺盖银灰色地膜。

6. 移栽　大棚栽培一般在 4 月上中旬、苗龄 3 叶 1 心至 4 叶 1 心移栽，每畦栽 2 行，株行距 60 cm×(70～80) cm。宜在晴天傍晚或阴天进行移栽。

7. 定植后的管理

(1) 温度管理。黄秋葵喜温怕寒，生长发育期白天温度宜保持在 25～30 ℃，夜间温度保持在 15 ℃以上，棚内最低气温不低于8 ℃。进入结果期随着外界升温应适时揭膜通风，将白天温度控制在 35 ℃以下，夜间温度保持在 18 ℃以上，以利于果实膨大。

(2) 追肥。因嫩果采收期长 100 d 以上，除移栽前施足基肥外，应及时追肥 3～4 次，追肥宜与沟灌、喷灌、滴灌、渗灌等相结合；生长前期以氮肥为主，中后期以磷、钾肥为主，从生育初期开始还可增施 CO_2；移栽后施尿素 75 kg/hm^2 兑水 7 500 kg/hm^2 浇施作为提苗肥；开花后施三元复合肥 225～300 kg/hm^2 作为促花

肥；采果期追施壮果肥 1～2 次，每次施三元复合肥 300～375 kg/hm^2；割茎后追施三元复合肥 225～300 kg/hm^2、尿素 75 kg/hm^2。

(3) 排灌及中耕培土。移栽后浇缓苗水，开花前适当中耕蹲苗促进根系伸展，开花结果时需经常浇水保持土壤湿润，7 月、8 月高温季节地表温度高叶面蒸腾量大，正值开花坐果采收高峰期，应及时灌溉，生长后期酌情浇水。宁波市台风洪涝频发、降水量偏多，生长季节应结合中耕除草及时清沟培土 1～2 次，防止植株倒伏与涝害、渍害，保持田间土壤湿润无积水。

(4) 植株整理。在生长前期将叶柄扭成弯曲状下垂，中后期及时剪除黄叶、病叶、老叶和过多的侧枝以利通风透光，调节营养生长和生殖生长；当株高长到 150 cm 以上时，可在晴天早上露水干后进行割茎再生，即除保留基部 20～30 cm 主茎外，其余的全部割掉。

8. 采收　大棚黄秋葵从 5 月中下旬开始采收嫩果上市，至 9 月下旬结束；采收一般在花谢后 3～5 d 进行，收获盛期每天或隔天采收 1 次，中后期 2～3 d 采收 1 次；黄秋葵茎、叶、果实上都有刚毛（刺），采收时应穿长袖衣服、戴手套，用剪刀剪断果柄，避免接触皮肤。

(三) 鲜食蚕豆栽培技术

1. 品种选择　选择早熟、优质、大粒、丰产，适合鲜食的菜用型品种，如通鲜 2 号、慈溪大白蚕、通蚕鲜 6 号等。

2. 播种育苗与春化处理　8 月下旬，挑选饱满、无蛀虫、大小一致的豆粒作为种子，播前先晒种 1～2 d，然后将种子放入清水中浸种 24 h；再将种子捞出用清水冲洗干净装入催芽筐（盘）内，上面覆盖湿毛巾进行催芽。催芽期间，每天下午用清水冲洗一遍保持湿润，常温下一般催芽 2～3 d；露白时剔除腐烂、不发芽的种子，待蚕豆种子芽长 0.5 cm 左右时，先将拌入少量多菌灵的商品育苗基质铺在另一只催芽筐（盘）底部，厚度 1 cm 左右；然后铺放 1 层蚕豆种子再铺 1 层育苗基质，依次铺放至最终厚度不超过 30 cm，最后在表面覆盖湿毛巾；将催芽筐（盘）放入 3～5 ℃的保鲜库内，进行春化处理 15～20 d，处理期间每天检查观察，及时喷水保持蚕豆种子和基质湿润。春化处理结束后，将催芽筐（盘）移到室内常温下炼苗 1 d，即可移栽大田。

3. 移栽　大棚移栽一般在 9 月中下旬，苗龄 3 叶 1 心至 4 叶 1 心，在黄秋葵植株中间挖穴，种植 1.65 万穴/hm^2 左右，每穴 1 苗，行株距与前作相同。

4. 定植后管理

（1）温湿度管理。温湿度管理与蚕豆生育时期相关，移植期当棚外气温高于 30 ℃时，白天需覆盖遮阳网，晚上揭掉。适宜温度分枝期为 12～15 ℃，现蕾开花期为 15～18 ℃，开花结荚期为 18～22 ℃，温度过低或过高均不能正常授粉，引起落花落荚；一般在棚外最低气温接近 10 ℃时盖上大棚膜，在蚕豆开始现蕾、棚外最低气温接近 0 ℃时加盖内膜保温；翌年 3 月气温开始回升、棚内夜间最低温度 5 ℃以上时揭去内膜，当棚内温度超过 30 ℃时，摇起薄膜杆全天通风，棚内相对湿度一般以 60%～80%为宜。

（2）水肥管理。水肥管理应根据植株长势进行，宜用水肥同灌方式，对于弱苗，用尿素 75 kg/hm^2 兑水浇施；花荚期适量增施磷、钾肥，追施三元复合肥 225～300 kg/hm^2，并叶面喷施 0.2%钼酸铵和 0.2%硼酸钠；灌水以保持土壤湿润为宜，一般秋季每 7～8 d 滴灌 1 次，冬季按需滴灌，翌年春季每 10～15 d 滴灌 1 次。

(3) 整枝打顶。大棚蚕豆植株易徒长倒伏，要及时整枝打顶控高；以在晴天摘除植株顶端 1.0～1.5 cm 为宜，确保摘心处不发生霉烂，摘心后顶端不出现空心，一般在移栽活棵后长到 10～15 cm、下部已见分枝时，进行主茎摘心以促进一、二级分枝的发生；在下部始花发黑、小荚长 1～2 cm 时摘除枝条顶心，及时清除因冻害落花落荚产生的无头枝、空枝及超出密度的多余枝，每株保留有效分枝 10 个左右；控高一般在移栽 1 个月后进行，用 12.5% 烯唑醇可湿性粉剂 300 g/hm^2 兑水 450 kg/hm^2 叶面喷施 1～2 次（中间间隔 15 d），既控制植株高度又可杀菌防病；同时，可充分利用前作黄秋葵的茎秆作为支架，在蚕豆长到 70 cm 以上时，用绳子或带子及时绑定防止倒伏。

(4) 病虫害防治。蚕豆主要病虫害是锈病、赤斑病、蚜虫、斜纹夜蛾。赤斑病、锈病可用 80%代森锰锌可湿性粉剂 600 倍液，或 60%唑醚·代森联水分散粒剂 1 000 倍液喷施防治；蚜虫、斜纹夜蛾的防治药剂参考黄秋葵。

5. 采收　翌年 2 月下旬开始采收，到 4 月上旬采收结束，蚕豆鲜荚需多次采收，当豆荚鼓粒饱满、色泽嫩绿、老嫩适中时即可采摘，也可按市场行情适当提早上市。

十、夏玉米—蚕豆—马铃薯周年三熟高效栽培模式

针对湖南省种植结构调整现状，结合绿色高效增产主题与洞庭湖地区的环境条件，刘芳等提出了夏玉米—蚕豆—马铃薯周年三熟高效栽培模式，具体技术介绍如下：

（一）茬口安排

玉米播种期为 5 月下旬至 6 月上中旬，采收期为 9 月中下旬；蚕豆播种期为 10 月中下旬，采收期为翌年 4 月中上旬；冬马铃薯播种期为 12 月上中旬，采收期为翌年 5 月上旬。

（二）夏玉米高产栽培技术

1. 品种选择　选用高产紧凑型玉米品种，要求耐密植、抗性强、活棵成熟。

2. 种子处理　选择晴天，将种子均匀摊在席上，连续翻晒 2～3 d，提高种子的发芽率。

3. 适时播种　一般于 5 月下旬至 6 月上中旬播种。马铃薯收获后，及时耕翻灭茬，机械或人工播种，合理密植，行距 60～70 cm，播种深度 3～5 cm。

4. 科学施肥　3 叶期后施用 45%复合肥（15-15-15）375～450 kg/hm^2，并施用锌肥 12～15 kg/hm^2（可 2 年施用 1 次）；玉米小喇叭口期，视苗情追施尿素 75～150 kg/hm^2。

5. 田间管理　苗期要及时间苗、定苗，穗期要拔除弱株，中耕促根，花粒期要及时浇水与排涝。

6. 虫草害防治　虫害主要防治玉米螟，尤其是喇叭口期，用 2.5%高效氯氟氰菊酯 375 mL/hm^2，或 20%氯虫苯甲酰胺悬浮剂 150 mL/hm^2，或 1.8%阿维菌素 450 mL/hm^2 兑水喷施心部。芽前封闭除草，玉米播种前用 50%乙草胺乳油 900～1 200 mL/hm^2，或用 96%精异丙草胺乳油 750～900 mL/hm^2 兑水 225 kg/hm^2 均匀喷雾；芽后茎叶除草，根据杂草长势，在玉米 3～5 叶期，可用 38%莠去津悬浮剂 900～1 200 mL/hm^2 兑水 225 kg/hm^2 喷雾。

7. 适时采收　当玉米苞叶变黄、全株枯萎、籽粒硬实饱满（含水 23%以下）、玉米芯干燥无明显水分时，即可人工或机械采收。

（三）蚕豆与马铃薯间作栽培技术

1. 品种选择　蚕豆选用粒大、结荚性好、品质好、抗病性强

的丰产品种；马铃薯选择早熟、抗病、休眠期短、产量高的品种，要求种薯健壮、无病虫害、芽眼多。

2. 种子处理　蚕豆种子晒种 2～3 d，以提高发芽率；播种前，用钼酸铵 150 g/hm^2、80%福·福锌 750 g/hm^2 拌种，先用温水将钼酸铵溶解，与种子拌匀，再与福·福锌拌匀，现拌现播。马铃薯播种前2～3 d 切块，切块要纵切，保证芽的顶端优势；按照芽眼切，最好将种薯一切为二，每块上的芽眼分布均匀，出芽后揭膜，将种薯摊放，暴露在散射光下炼芽，使薯芽转为紫色，然后根据薯芽的长短和粗壮程度分级，分期播种。

3. 适时播种　蚕豆播种期为 10 月中下旬，畦面宽 1.2 m，在畦中间播种 1 行蚕豆，株距 35 cm，种植 2.1 万株/hm^2 左右，每穴播 1 粒种子；马铃薯 12 月上中旬播种，一垄双行种植，播种不少于6 万株/hm^2，播深 10～12 cm，芽眼向上，覆土厚 7～8 cm。

4. 合理施肥　整地时，施腐熟农家肥 15 000～30 000 kg/hm^2、45%复合肥（15－15－15）600～750 kg/hm^2 作为基肥。蚕豆于3～4 片真叶时，视苗情追施尿素 90～150 kg/hm^2，以促进幼苗生长和根瘤形成。在蚕豆开花结荚期或 3 月上中旬，根据蚕豆与马铃薯长势，追施尿素 75～150 kg/hm^2、45%复合肥（15－15－15）225～300 kg/hm^2。在马铃薯开花和蚕豆结荚期，结合防病治虫叶面喷施硼、钼肥和 KH_2PO_4 2～3 次。

5. 打顶摘花　蚕豆盛花后期，要摘花心打顶，控制徒长，减少植株养分消耗；马铃薯盛花期可摘花控制徒长，促进植株养分向地下块茎输送。

6. 病虫草害防治　病虫害防治应遵循“预防为主，综合防治”的植保方针。蚕豆重点防治根腐病、灰斑病、胞囊线虫、蚕豆食心虫、蚜虫等；蚕豆田播前进行 1 次土壤化学封闭除草，结荚期再喷 1 次除草剂防除杂草。马铃薯重点防治病毒病、环腐病、晚疫病等，当出现零星发病时，及时拔除病株以减少再次侵染，并喷施甲霜·锰锌等药剂进行防治。

7. 适时采收　蚕豆采收嫩荚，可分次采收，采收自下向上，每 7～8 d 采收 1 次；采收老熟的种子，可在蚕豆叶片凋落、中下部豆荚充分成熟时收获，晒干脱粒储藏。马铃薯植株褪色转黄可根据行情分批收获。

第五章 PART FIVE

采收、加工与储运

适时收获是确保蚕豆丰产丰收的关键环节，对于保持蚕豆种子的生命力和提升蚕豆商品价值至关重要。在田间管理的最后阶段，准确判断蚕豆的成熟度并及时进行收获，是实现这一目标的重要步骤。

第一节　干蚕豆的采收与储藏

一、干蚕豆的采收

1. 采收时间的确定　同一株蚕豆上不同部位的豆荚成熟速度存在差异。一般而言，植株下部的豆荚营养积累速度相对较慢，植株中上部的豆荚营养积累较快。不同地区由于气候和土壤条件的差异，蚕豆的成熟速率也有所不同，通常将粒重达到高峰期的时期视为最佳采收期。江苏省农业科学院通过研究将蚕豆成熟期划分为以下四个时期：

① 绿熟期。植株和茎秆呈现绿色，种子体积已基本长足，达到最大体积，但此时含水量很高，种子尚嫩，容易用手指挤破。

② 黄熟前期。植株下部叶片开始脱落，豆荚由绿色转为黄绿色，种脐呈现黑色，种皮仍为绿色，用指甲容易划破种皮。

③ 黄熟后期。植株上中部的叶子由绿色变为灰白至淡黄色，豆荚由绿转为黄色，逐渐变为褐色，种皮呈现品种固有颜色，种子迅速失水，体积缩小，用指甲不易划破种皮。这一时期是收获的最

佳时期，此时种子的质量和产量均达到最佳状态。

④ 完熟期。叶片全部脱落，豆荚发黑且干缩，种子呈现原品种的固有颜色，变得非常坚硬，这一时期种子已完全成熟，但若不及时收获，可能会导致种子脱落或质量下降。

蚕豆成熟的标志，即熟相，是判断其收获时机的关键。高产蚕豆田的熟相应展现为“秆青粒熟”，并通过以下形态特征来识别：

① 叶片特征。叶片由青绿色渐变为灰白色，最终转为淡黄色至褐色。某些品种的叶片在成熟时会自然脱落，颜色从青绿色变为橘黄色，且叶片保持平滑不皱。

② 豆荚变化。豆荚从青绿色变为淡黄色，成熟后转为灰褐色或橘黄色。低花青素含量的品种成熟时豆荚呈橘黄色，不转变为褐色。荚果与茎秆的角度在成熟过程中先上举，后转平，最终下垂。

③ 茎秆色泽。茎秆颜色随成熟逐渐由淡绿色变为黄色，部分品种在收获时颜色仍偏黄绿色，其他品种呈现褐黄色，开始显现失水迹象。

④ 籽粒表现。籽粒颜色由深绿色或浅绿色逐步转变为绿色或白色，子叶颜色变浅。某些品种籽粒成熟后转为黄白色，而云南保山透心绿品种则保持碧绿色。种脐颜色的变化是成熟的标志，黑色种脐品种种脐由细线逐渐变粗并加深颜色。籽粒重量达到最大值的75%～80%时，种子具有发芽力。种皮应光滑无皱，阳光下能反射光泽。若收获过迟，种子内酶活性降低，可能导致发芽率下降。

秋播地区由于一年多次作物轮作，适时收获不仅能确保当季蚕豆产量，还能为下季作物提供良好生长条件。在长江中下游地区，6月上旬的多雨天气要求种植者抢晴收割，以防种子吸水霉烂。

春播地区通常实行一年一熟制，收获时间相对宽松，允许适当延后收割，有助于种子养分积累和提高种皮光泽度。但为避免高温

导致的种皮变色和炸荚现象而影响产量，应遵循“九成熟十收获”的原则，确保蚕豆的最佳收获时机。

2. 采收过程的关键技术问题

(1) 促进后熟。考虑到植株上豆荚的成熟度可能不一致，收获时可以采取割倒植株后晾晒的方法。晾晒 1～2 d 后，选择在清晨植株回潮时进行捡拾，以减少在搬运过程中的落粒损失。通过这种方法，不仅可以确保植株上的豆荚获得更好的成熟度，还能使整株植株完全干燥，从而便于后续的脱粒操作。适当后熟有助于提高蚕豆的产量和品质，是实现高效收获的重要环节。

(2) 齐泥割豆。收割蚕豆时，推荐使用贴近地面的齐泥割豆方式，这样可以保持植株的根系和根瘤以及落叶原地归土。这种做法有助于增加土壤中的有机质含量，提升土壤的自然肥力，并有利于维持土壤生态的平衡。应避免将植株连根拔起，这种收割方式会将根系和根瘤一并移除，不仅会减少土壤的养分储备，新的污染源还可能对环境造成不必要的破坏。

(3) 晾晒干燥。新收获的蚕豆因含水量较高，生理代谢活跃，籽粒的呼吸作用强烈，释放的热量较大，故收获后应立即进行干燥处理，以避免品质下降和营养损失。

蚕豆的种皮结构疏松、易于失水，而子叶肥厚、结构紧密、传湿性较差。如果采用高温暴晒的快速干燥方法，可能导致种皮因失水过快而炸裂，影响蚕豆的农艺性状和经济价值。此外，在高温下，蛋白质可能发生变性，失去亲水性，进而影响种子的生命力。因此蚕豆晾晒干燥主要采用以下方法：

① 自然干燥法。蚕豆的自然干燥通常采用分阶段方法。初次干燥可以通过整株或带荚暴晒来进行，目的是降低植株、豆荚和种皮的含水量，通常将种子含水量降至 13%～15%。第二次干燥在脱粒后，将种子晾晒至安全含水量，并在冷却后入库。晾晒时应选择晴朗天气，清理晒场，确保无泥沙和石块。出晒时间不宜过早，

以免影响干燥效果，晾晒过程中需薄摊且勤翻。

② 自然风干燥。若蚕豆收获时遇到连续阴雨天气，为防止霉烂，可采用自然风干燥法。利用鼓风机、仓房和仓库的排气孔来降低蚕豆的含水量。此方法在一定程度上有效，但当籽粒水分与空气含水量达到平衡时，籽粒水分将停止降低。

③ 热风干燥。适当提高温度可以促进种子水分与空气湿度的平衡，提高干燥效果。热风干燥时，应避免将籽粒直接放在加热器上，以防灼伤。应通过导入热空气进行间接烘干，并严格控制最高温度。对于含水量较高的蚕豆，应分阶段进行干燥，避免一次性失水过多导致种皮破裂。热风干燥后的种子需冷却后才能储藏。

3. 选种与留种　蚕豆作为一种常异交作物，其异交程度受多种因素影响，包括品种特性、地理位置、栽培条件、气候因素和昆虫活动等。为了保持优良品种的特性，降低天然异交率，进行品种提纯是必要的。在植株的不同结荚部位，自然异交率表现出差异。整体来讲，中部和下部荚果的自然异交率显著低于上部荚果。这可能与中、下部花作为初期花，开花量较少，气温回升缓慢，昆虫活动较少有关。上部花期处于盛花期，昆虫活动频繁，增加了异交的可能性。从遗传稳定性角度考虑，生产上应选择中部和中下部荚果作为种用。

在选择荚果时，应选择荚果与茎秆角度小，基部不下垂的荚果。在粒选时，应选择大而饱满的种子。试验表明，大粒种子的出苗率和株粒重均高于小粒种子，且经过粒选的种子在出苗率和株粒重上比对照组有显著提高。

二、干蚕豆的储藏

良好的储藏条件是保证蚕豆种子生活力和品质的基础，可以有效延长蚕豆寿命和使用时间，与大田生产具有同样的重要性。

1. 蚕豆入库的标准　蚕豆种子在入库前必须达到水分含量的严格标准，含水量不得超过13%。该标准对于保持种子的生命力和延长储存期限至关重要。测量含水量时，有条件的地区可以使用种子水分测定仪直接进行精确测量。若缺乏专业测定设备，可以采用一些简便方法判断种子的水分含量是否适宜。①手夹测试：使用钢丝钳或手指夹住种子，如果种子在施加力量时发出清脆的破裂声并碎裂，表明种子的水分含量较低，符合储藏标准。②牙齿测试：将种子放在口中，用牙齿轻咬，如果种子发出脆声并立即裂开，说明种子的水分含量较低，适合储藏。

2. 蚕豆储藏的特点　蚕豆因其种皮坚韧和子叶富含蛋白质、淀粉及少量脂肪，成为易于储藏的食用豆类。相较于脂肪含量较高的花生和大豆，蚕豆更耐储藏。在储藏过程中，蚕豆较少出现发热、发霉或腐败变质的问题。蚕豆储藏面临的主要威胁是豆象的侵害和种皮褐变。

豆象通常以成虫形态越冬，隐藏在仓库的角落、缝隙内，或田间的枯枝草丛中，甚至在蚕豆种子内部。当翌年蚕豆开花结荚时，成虫飞到田间进行交配，并在嫩荚上产卵。孵化后的幼虫钻入种子内部，随着成长逐渐消耗种子内部的养分。蚕豆成熟收割后，这些幼虫随种子一同被带入仓库继续造成危害。幼虫最终羽化为成虫，从种子内穿小孔飞出，躲藏起来准备越冬，形成持续的循环。

由于不当的储藏方式，蚕豆象受害率一般在50%左右，严重时可达到70%。豆象在种子内进行呼吸，释放水分和热量，加速了种皮氧化变色的过程。褐变的种子不仅种子活力下降，蛋白质含量和淀粉含量降低，口味也会变差，煮食时不易酥软，进一步降低了其商品价值。

3. 蚕豆储藏的条件　储藏环境对干燥脱粒后的蚕豆种子质量有着至关重要的影响。在干燥、低温、密闭的条件下储藏，蚕豆种子的生命活动降至最低，从而减缓物质消耗，保持种子的活力和营养。相反，如果储藏条件不理想，种子的生命活动将更为旺盛，导致营养物质快速分解，影响种子的质量和使用寿命。蚕豆的储藏受空气相对湿度、温度和通气状况等因素影响，其储藏要点如下：

（1）干燥条件。充分干燥的蚕豆种子，在低温、密闭的储藏条件下，其生命活动降至最低，物质消耗极少。反之，在不利的储藏条件下，种子的生命活动会增强，导致营养物质快速消耗。

（2）空气相对湿度。若库房空气相对湿度超过蚕豆种子的含水量，种子将吸收水分，导致生命活动增强。为确保安全储藏，库房的相对湿度应控制在65%以下。

（3）温度控制。蚕豆的温度通常与库房温度一致，而库房温度又受外界气温的影响。在秋播地区，收储后的温度可能持续上升，而在春播地区，随着季节进入秋天，气温逐渐下降，通常低于库房和种子的温度。为避免种温与气温之间的差异，应采用通风措施进行调节。

（4）通气状况。在密闭条件下储藏干燥的蚕豆种子，可以隔绝外界空气，抑制其生命活动，减少营养物质的消耗，并保持其营养和生命力。密闭储藏还能防止空气中的水分和热量进入种子中。

（5）库房管理。库房应保持清洁，定期进行空气消毒，以杀灭以蚕豆象为主的储粮害虫，防止害虫和微生物活动产生的水分和热量对种子造成损害。

4. 豆象防控　为有效防控仓储豆象，首先需确保晾晒后的蚕豆籽粒含水量低于13%，满足入库标准。同时对选定的干燥、阴凉、通风的仓库进行全面清洁和消毒，使用20%石灰水粉刷墙面，以消灭豆象的虫卵和成虫。封闭仓库所有缝隙后，根据豆象控制技术指南，在堆放蚕豆籽粒时预留熏蒸剂药片的位置，施药后立即密封仓库，并挂上警示牌，明确标注“人畜不能靠近”。对于家庭小规模储藏，推荐使用瓦坛或瓦缸，底部放置生石灰吸收水分，注意

容器不要装满，留出空间以保持种子的微弱呼吸。最后，用塑料薄膜密封容器口，再覆盖纸板和木板，确保密封性，从而保护蚕豆种子免受虫害和受潮，保障其品质和延长储藏期限。

5. 种皮褐变控制　控制蚕豆褐变的关键在于采取适当的储藏技术和管理措施。若储藏不当，蚕豆种皮可能由乳白色或浅绿色逐渐变为浅褐色或黑褐色，这一过程称为褐变，会导致豆粒口味变差，商品等级降低。褐变通常从种脐和种皮侧面凸起部分开始，逐渐扩展并加深颜色。褐变的原因在于种皮内含有酚类物质及酪氨酸，这些成分在氧化反应中导致颜色变化。氧化反应速度受温度、pH、光线、水分和虫害等因素影响，在温度40～44℃、pH约5.5时，氧化酶活性最强；强光、高水分（超过13%）和虫害都会增强酶活性，从而加快褐变过程。

以下方法能有效控制褐变，保持蚕豆色泽：①蚕豆收获后应带荚晒干或采用风干、晾干等干燥方法，避免脱粒后种子在强光下暴晒。入库豆粒的含水量应控制在13%以下，这样处理后，豆色良好率可在95%以上。②存放环境应保持干燥、密闭、低氧，并避免光照和低温（5℃以下），这些条件可以减缓褐变速度，实现长期保色。

第二节　鲜食蚕豆的采收与储运

随着营养意识的提高、种植技术的发展以及物流行业的蓬勃发展，鲜食蚕豆市场需求正逐年上升，尤其在西南和华东地区，“干改鲜”的种植模式已成为一种趋势，推动了当地鲜食蚕豆产量和产值的显著增长，成为促进农民增收和地区经济发展的有效途径。然而，鲜食蚕豆保鲜储藏技术的相对落后限制了其产业链的延伸和规模化发展，影响了产业的进一步壮大。因此，提升鲜食蚕豆的保鲜技术，延长其货架寿命，对于满足日益增长的市场需求、提高经济效益、推动产业健康发展具有重要意义。

一、鲜食蚕豆的采后生理和常见果蔬保鲜技术

长江流域的秋播蚕豆，成熟于春末夏初，具有豆荚组织脆嫩、水分含量高和代谢旺盛的特点，使得蚕豆在采摘后，尤其是在高温环境下，呼吸作用等生理代谢过程更为剧烈，因此加速了豆荚衰老，具体表现为豆荚黄化、表面褐变和重量损失增加等，严重影响了豆荚的外观品质，增加了长距离运输的难度。研究表明，不适宜的环境条件，如温度过高，会导致蚕豆种皮颜色变暗，失去商品价值。随着储藏时间的延长，蚕豆种子中的抗坏血酸和叶绿素等营养成分发生降解，导致食用品质显著下降。

已有研究揭示了影响蚕豆储藏保鲜的多个关键因素，包括采前的品种选择和种植条件，以及采后的储藏环境和管理方式。品种对蚕豆的耐藏性有显著的影响，不同品种在相同储藏条件下的保鲜效果存在明显差异。例如，庄应强等（2014）在 2 ℃的低温条件下对不同鲜食蚕豆品种进行的研究表明，以豆荚形式储存的上虞田鸡青品种在储藏期上表现最佳，可达 28 d，而以豆粒形式储存的日本大白皮和慈溪大白蚕品种则在保鲜效果上有优势。

环境温度是影响储藏寿命的最重要因素之一，低温冷藏技术在果蔬保鲜中被广泛应用，其效果显著。低温能够抑制代谢酶的活性，有效减缓呼吸等生理活动，减少营养物质的损耗，从而延长保鲜期（游玉明等，2020）。此外，环境气体成分和采后处理方式，如气调储藏、物理或化学处理，也对蚕豆的储藏保鲜效果有着不可忽视的作用。

气调保鲜作为一种有效的物理保鲜方法，通过精细调节储藏环境中的气体成分，如氧气、二氧化碳、氮气及稀有气体，来抑制果蔬的呼吸作用和微生物的繁殖，从而有效延缓果蔬的腐烂变质过程。这种方法对果蔬的储藏效果具有显著影响，尤其是对蚕豆这类

容易褐变的物质。研究表明，低温环境、低氧浓度和高二氧化碳浓度的组合，能够显著提高蚕豆的保鲜效果。例如，Nasar－Abbas等（2009）发现，通过气调处理可以有效防止蚕豆褐变，延长其寿命。此外，二氧化硫的适当使用也能增强保鲜效果，但需严格控制其浓度，以避免对品质和安全性产生负面影响。

热处理也是一种重要的物理保鲜技术。通过适当的热处理，可以抑制果蔬中微生物的生命活动，降低果蔬生理代谢相关酶的活性。例如，欧燕等（2006）对蚕豆瓣进行了高温短时热处理，发现这种方法对抑制褐变相关酶和微生物的活性具有显著效果。这种热处理不仅有助于延长蚕豆的保鲜期，还能在一定程度上保持其食用品质。

化学保鲜方法通过使用特定的化学制剂来抑制微生物的生长，对延长果蔬的货架寿命具有显著效果。张兰（2003）的研究表明，0.02%的4-己基间苯二酚应用于蚕豆种子，能有效抑制褐变并保持种子的品质。此外还发现，适量的抗坏血酸钙处理可以延缓蚕豆的衰老过程，但如果钙的浓度过高，反而有可能加速蚕豆的衰老。陈惠等（2018）在研究中指出，壳聚糖处理不仅能显著抑制豆荚的褐变和叶绿素的褪去，还能保持豆荚的良好品质。目前对于蚕豆的保鲜研究主要集中在蚕豆粒的保鲜以及微加工产品上，且大多数处于理论研究阶段，研究成果在实际生产中的应用尚未普及，特别是对于带荚鲜食蚕豆，其保鲜技术的研究和应用更是处于起步阶段，需要进一步探索和发展。

二、鲜食蚕豆的采收

鲜豆荚的采收工作目前主要依赖人工操作，并且需要根据收购商的具体要求精细作业。鲜豆荚的商品类型主要分为两种，每种都有其特定的采收标准和处理流程。

(1) 在鲜籽粒灌浆70%～80%时采收，此时豆荚的颜色为翠绿色，豆粒的鼓粒率约为67%，种脐与脐柄的连接仍很紧密，脐柄呈绿黄色且不易脱落。采收和处理要求如下：

① 采收时间。当豆荚颜色鲜绿，刚出现断腰时，即可进行采摘。由于不同品种的成熟度不同，需仔细观察以确定最佳采摘时机。

② 剥离荚壳。采摘后，应在一天内完成豆荚的剥离。这有助于保持豆粒的新鲜和光泽，避免因延误处理而导致品质下降。

③ 豆粒处理。剥离荚壳后的豆粒需立即浸泡在1%～3%淡盐水中，浸泡时间不超过1 h。此步骤可以隔离空气，防止种皮褐变。浸泡后，将豆粒水分沥干，放入冷藏袋中（一般每个包装1 kg），封口后存放于冷藏箱中，待运输使用。

（2）鲜籽粒灌浆90%以上时采收，此阶段豆粒的脐柄已易于脱落，脐色呈浅黄绿色。收购商通常不接受种脐颜色已变深的产品，因为此时豆粒的口感较差。此时期的产品有两种主要收购形式：

① 鲜豆粒，即剥去豆荚和种皮后的豆粒。要求豆瓣鲜绿，无伤痕，豆粒完整。

② 带荚豆，直接以带荚壳的形式储运。

以上两种类型的鲜豆荚在采收时均需要注意：

① 采收前10 d使用生物抑菌剂如甲壳素喷雾处理，清洁豆荚。

② 豆荚明显断腰，豆粒脐色未深时采收。

③ 剥离种皮时操作要精细，防止豆粒分开或留下伤痕。

④ 避免采收的荚果长时间在太阳下堆积，防止过热或挤压损坏。

三、鲜食蚕豆的储运

鲜食蚕豆的储运需要精细操作，不同类型的产品采用不同的储运方式，以确保其新鲜度和商品价值。

1. 带种皮、脐柄的鲜籽粒　由于种皮容易褐变，这类产品在采收后应立即装入冷藏袋中，并在5 h内进入速冻加工程序，保持其新鲜度和防止褐变。

2. 带壳的鲜豆荚　这类产品通常采用大包装。短途运输时，多散装于车厢内，为避免挤压造成过热和豆荚间承受过大压力，车厢内放置一定数量的竹制锥形筒状抽气筒，起到通气降温的作用。长途运输则使用冷藏箱装载，确保豆荚在冷藏条件下运输，豆荚整齐地放入冷藏箱，每层豆荚用吸湿纸隔开，避免豆荚间相互挤压，保持其完好无损。

3. 去荚壳和种皮的豆粒　这类产品相对容易储运。豆粒装入冷藏袋后，经过短途运输进入速冻加工程序。由于不带荚壳和种皮，产品不易褐变，可以有较长时间进行周转，是收储相对方便简洁的方法。

通过这些不同的储运方式，可以针对不同类型的蚕豆产品采取最合适的处理措施，确保其在到达消费者手中时仍保持最佳的品质和口感。为了能使鲜食蚕豆产品均衡上市，长年供应，除做好速冻加工外，进行低温保鲜储藏是延长青鲜产品上市时间的有效途径。

四、蚕豆加工

1. 鲜食蚕豆保鲜储存及速冻加工

（1）工艺流程。储前准备→收储入库→预冷加工→防腐灭菌→装袋扎口→储期管理。

（2）操作要点。

① 储前准备。在进行鲜食蚕豆的保鲜之前，必须确保准备工作的周全性。首先，保鲜库的隔热性能至关重要，它必须具备良好的保温效果，以确保库内温度的均匀分布。同时，制冷设备的匹配也需合理，以保证整个保鲜过程的顺利进行。

货架的准备：针对不同种类的货物，需准备不同规格的货架。对于鲜食蚕豆而言，建议使用层高 40～50 cm、宽度 110～120 cm 的多层架子，以便于管理和存取。

保鲜袋的选择：保鲜袋的选择应根据保鲜气体的要求而定。鲜食蚕豆由于保鲜时间较短，呼吸作用较强，推荐使用透气性较好的编织网袋。此外，PVC（聚氯乙烯）袋和 PE（聚乙烯）袋也是不错的选择，尤其是 PVC 袋，透气性能更佳。

库房消毒：在进行库房消毒之前，务必先清除货架上的铁锈和室内的灰尘。使用石灰水刷洗墙壁，随后使用库房消毒剂进行彻底消毒。推荐的消毒剂包括漂白粉、福尔马林（40%甲醛溶液）、高锰酸钾与甲醛的混合液，以及专用库房消毒剂。消毒过程中，应关闭库房 4～6 h，之后通风 1 h，以确保消毒效果。

预冷：在鲜食蚕豆入库前 2～3 d，应将库温预先降至设定的保鲜温度，或略低于保鲜温度 2 ℃左右。预冷至－1～0 ℃，并调节好库温与机组显示的温度偏差，为鲜食蚕豆的入库做好准备。

② 适时收储入库。适时采收是保鲜成功的关键。鲜食蚕豆应选择在早晨或傍晚采摘，避免雨后采摘，以确保蚕豆的新鲜度和品质。采摘的鲜食蚕豆应无病虫害、无损伤，籽粒饱满。采摘后，应尽快将其运至保鲜库，并在运输过程中注意防止日晒、雨淋及机械损伤。

③ 预冷加工整理。在鲜食蚕豆入库前，应尽快在室内或阴凉处进行分拣和整理工作。分批装袋入库，确保产品在预冷后期达到储藏温度。在预冷后期，应在库房的上下前后 4 个点测定温度，确保各点温差在 1 ℃以内。如发现温差较大，应适当调整风机口前冷风通道两侧的鲜食蚕豆堆放量。当鲜食蚕豆预冷至储藏温度时，进行防腐保鲜处理，主要使用熏蒸剂、烟剂、粉剂、乳酸等。

④ 扎口。当鲜食蚕豆预冷至储藏温度并进行防腐保鲜处理后，

应及时装袋。每袋之间的重量差应控制在 1 kg 以内。装袋完毕后，使用棉纱带扎紧袋口，确保密封性，防止气体泄漏。

⑤ 储藏期管理。库温管理：库温应保持恒定，一般设定在 10 ℃左右，波动幅度应小于 0.5 ℃。通过调节风道的风速和风向，尽量减小库内各部分的温差。

气体成分管理：在保鲜前期，氧气应保持较低值，二氧化碳应保持较高值；在后期则相反。开袋周期的管理也至关重要，扎袋后 3 d 开始使用奥氏气体分析仪测定袋中的气体成分，每天测量 1 次。一旦发现有数值超标，应立即开袋放气，每次放气时间约为 4 h。

湿度管理：鲜食蚕豆含水量较高，控制其水分是保证鲜度的关键。库房内相对湿度应维持在 90%左右。在外界干燥、库房湿度较低时，可在地面喷洒一些水；阴雨天外界空气潮湿时，可在库房中撒一些干石灰，以控制湿度。

保鲜库控制面板管理：根据要求设定参数，然后在日常运行中进行监控和调节。

理化指标测定：在保鲜过程中，为了准确反映鲜食蚕豆的保鲜质量，应定期测定含水量、可溶性固形物、含酸量、维生素 C 等理化指标。

鲜蚕豆的保鲜并非简单的存放过程，而是需要科学、严谨的态度和方法。通过采取合理的保鲜措施，不仅可以提高保鲜质量，还能调节市场供应，增加农民收入。

2. 蚕豆罐头 罐头食品采用密封杀菌技术，无须添加防腐剂即可长期保存。通过脱气、密封和加热杀菌工艺，确保食品安全、新鲜，同时避免化学添加剂。鲜食蚕豆罐头化处理，不仅延长了保鲜期，也方便了运输和食用，提升了市场价值和消费者便利。

(1) 工艺流程。原料→浸泡挑选→加水预煮→分选装罐→排气密封→杀菌及冷却。

（2）操作要点。

① 原料处理。选择蚕豆时，应确保豆粒饱满，色泽为鲜亮的黄色或青黄色，这是保证罐头食品品质的先决条件。

② 浸泡。将挑选好的蚕豆用水彻底清洗，然后浸泡 24～72 h，直至蚕豆充分吸水变软，但尚未发芽。在浸泡过程中，需定期翻动和更换水，以保持水质清洁。特别注意避免蚕豆与铁器接触，以防种皮变色。

③ 加水预煮。在预煮过程中，按照每 100 kg 水加入 0.05 kg 三聚磷酸钠和 0.15 kg 六偏磷酸钠的比例，将保水剂溶解在水中。然后将蚕豆与水以 1∶1 的比例煮沸 20 min，直至蚕豆达到用手轻捏即可碎裂的程度。

④ 分选装罐。在装罐前，对蚕豆进行分选，确保同一罐中的蚕豆色泽、粒形大小均匀一致。汤汁的配比需精确，96 kg 水中加入砂糖 0.5 kg、三聚磷酸钠 0.05 kg、精盐 3.5 kg、六偏磷酸钠 0.15 kg、味精 0.2 kg。将清水、糖、盐在夹层锅中加热至沸腾，随后加入预先溶解的磷酸盐和味精，过滤后备用。

⑤ 排气密封。对于汤汁热灌装的蚕豆罐头，在 95 ℃的温度下进行 6～8 min 的排气处理，以达到中心温度 75 ℃以上。随后，在 0.04 MPa 的真空条件下进行抽气密封。排气后应立即进行密封，以确保罐头的密封性和食品安全。

第六章 PART SIX

丽水市蚕豆生产研究

第一节　丽水市蚕豆生产概况

一、产业概况

丽水市地处浙江省西南部，有“九山半水半分田”之称，地理环境优越，雨量充沛、热量条件好，为蚕豆的生长提供了得天独厚的自然条件。蚕豆作为丽水市主要的旱杂粮作物之一，已成为当地农业经济的重要组成部分，并展现出强劲的发展势头。

丽水蚕豆主要分布在海拔400 m以下生产区域，包括莲都区碧湖平原、老竹镇，松阳县松古平原，青田县北山、章旦等。20世纪90年代后期，松阳县开始大面积种植蚕豆，年种植面积3万亩以上。近年来，受种植业结构调整和市场区域分布变化等影响，莲都区成为丽水市蚕豆主产区，面积约2万亩，占全市35%左右，并形成了水稻—蚕豆轮作的高效种植模式，这一模式不仅有效提高了土地的利用率和产出率，还实现了粮食生产与农民增收的双重目标，成为丽水市“粮食＋增收”最佳实践十大模式之一。

二、发展历史

根据资料记载，20世纪60—80年代，丽水市蚕豌豆年种植面积在1万亩以下；90年代后期，丽水市蚕豌豆面积快速增长至3

万余亩，主要分布在莲都区、青田县、松阳县、缙云县。近年来，随着生活水平提升，饮食结构调整，鲜食蚕豆因其味道鲜美、绿色、营养价值高等特点，备受消费者欢迎，尤其在上海等一线城市市场需求量越来越大。根据调查统计数据，2018—2023年，丽水市蚕豆生产年平均面积5.3万亩，年平均产量0.94万t（折干）（表6-1和表6-2）。

表6-1 丽水市蚕豆生产面积（2018—2023年）

单位：万亩

县（市、区）名称	2018年	2019年	2020年	2021年	2022年	2023年
丽水市	3.14	4.00	5.98	6.51	6.42	5.73
莲都区	0.92	1.18	2.32	2.40	2.18	1.91
龙泉市	0.12	0.15	0.22	0.22	0.37	0.38
青田县	0.51	0.67	0.84	0.96	0.91	1.01
云和县	0.15	0.17	0.19	0.24	0.19	0.20
庆元县	—	0.12	0.15	0.11	0.27	0.14
缙云县	0.27	0.35	0.45	0.52	0.52	0.78
遂昌县	0.19	0.24	0.45	0.44	0.69	0.43
松阳县	0.71	0.80	0.89	0.99	0.68	0.47
景宁畲族自治县	0.26	0.33	0.47	0.63	0.60	0.42

表6-2 丽水市蚕豆总产量（2018—2023年）

单位：万t

县（市、区）名称	2018年	2019年	2020年	2021年	2022年	2023年
丽水市	0.41	0.52	1.10	1.28	1.24	1.13
莲都区	0.15	0.18	0.53	0.58	0.51	0.46

（续）

县（市、区）名称	2018 年	2019 年	2020 年	2021 年	2022 年	2023 年
龙泉市	0.02	0.02	0.03	0.03	0.06	0.06
青田县	0.07	0.09	0.15	0.17	0.16	0.17
云和县	0.02	0.02	0.04	0.04	0.03	0.03
庆元县	—	0.02	0.02	0.02	0.05	0.02
缙云县	0.03	0.04	0.06	0.07	0.09	0.15
遂昌县	0.02	0.03	0.06	0.08	0.12	0.08
松阳县	0.07	0.09	0.14	0.17	0.12	0.09
景宁畲族自治县	0.03	0.04	0.07	0.11	0.09	0.06

三、地方扶持政策

为了鼓励农业规模化、现代化发展，丽水市根据浙江省规模种粮补贴要求，落实蚕豆种植的规模种粮补贴政策。丽水市蚕豆种植享受省级规模种粮补贴政策，50 亩以上规模种植可以享受每亩 120 元的政策奖励补贴；此外，政策还展现出其灵活性与包容性，允许在果园等林木区域内进行蚕豆套种，只要实际套种面积满足 50 亩以上的条件，同样能够享受到这一规模种粮补贴政策的红利，为农户提供了多元化的种植选择与增收途径。

丽水市政府高度重视蚕豆产业的发展，制定了一系列扶持政策和措施。通过加大财政投入、提供技术支持、拓宽销售渠道等方式，形成了不少地方收购小市场，为蚕豆产业的发展提供了有力保障。

四、品种类型

追溯至 20 世纪 80 年代以前，丽水市蚕豆种植领域以传统、小粒型的品种为主导，这些品种多为地方特色鲜明、世代相传的农家小品种或地方品种，如缙云花蚕豆、莲都细粒种等。自 20 世纪 70 年代中期起，慈溪大白蚕这一优良品种被成功引入，其硕大的籽粒、相对一致的成熟期，迅速赢得了农户的青睐。至 90 年代，日本大白蚕这一更加高产优质品种引入。日本大白蚕不仅粒大、高产，还完美契合了蚕豆鲜食潮流的兴起，进一步推动了丽水市蚕豆产业的转型升级。2010 年以来，以丽水市农林科学研究院为代表的丽水市科研单位开展了菜用鲜食蚕豆的新品种选育工作，先后育成丽蚕 1 号、丽蚕 3 号等系列品种，其中丽蚕 3 号成为当地主推品种。当前，丽水主栽品种包括慈溪大白蚕、陵西一寸、丽蚕系列品种等。

第二节　丽水市蚕豆研究进展

一、基于主成分和聚类分析的鲜食蚕豆农艺性状与品质性状综合评价

以 15 个鲜食蚕豆品种（系）为研究对象，对株高、有效分枝数、主茎节数、始荚节位等 12 个主要农艺性状和淀粉、粗蛋白、粗脂肪含量等 6 个品质性状进行测定，采用主成分分析法、聚类分析法对表型值进行分析，为鲜食蚕豆的科学评价及品种筛选提供材料基础与理论依据。

遗传变异是种质创新的关键，是新品种选育的基础。对 15 份不同鲜食蚕豆品种（系）的 18 个主要农艺性状及品质性状进行遗传变异分析，发现 12 个主要农艺性状的变异系数较低，变异系数为 3.98%～15.95%，其中，鲜籽粒长和鲜籽粒宽的变异系数最低，均低于 5%。于海天等（2020）以云南早熟鲜食秋蚕豆为试验材料，研究了主要农艺性状与鲜食蚕豆产量的相关性，除鲜荚宽的变异系数高于本研究结果外，其余农艺性状的变异系数与本研究一

致。云南选育的鲜食蚕豆品种以早熟、高产为主要目标，而长江流域更偏爱荚型宽大的大粒品种，对不同性状的选择偏好可能是造成该差异的主要原因。6 个品质性状的变异系数为 4.30%～56.09%，其中，维生素 C 含量和淀粉含量的变异系数较高，均超过 20.00%，水分含量的变异系数最小，仅 4.30%。在赵娜等（2022）的研究中，水分含量的变异系数仅 3.91%，与本研究结果基本一致，淀粉、蛋白质、脂肪含量的变异系数低于本研究结果；陈宏伟等（2016）对湖北蚕豆地方种质品质性状进行了研究，得出的蛋白质含量和淀粉含量的变异系数低于本研究结果，而脂肪含量的变异系数与本研究结果一致。因基因型和地理位置的不同，品质性状往往表现出较大差异，不同地区的特有栽培方式和气候条件可能也是造成该差异的重要因素。

鲜食蚕豆的主要农艺性状和品质性状之间表现出复杂的相关性，鲜荚重与鲜荚长、鲜荚宽呈显著正相关，鲜籽粒百粒重与鲜籽粒长、鲜籽粒宽呈极显著正相关，与前人研究结果一致。粗蛋白含量与鲜籽粒百粒重、鲜籽粒长呈极显著负相关，与赵娜等（2022）的研究结果相反，可能由于粗蛋白含量与籽粒发育密切相关，处于灌浆期的鲜籽粒与处于成熟期的干籽粒在粗蛋白积累方面存在明显差异。粗脂肪含量与鲜荚长、鲜籽粒宽和鲜籽粒百粒重呈显著负相关，与鲜籽粒长呈极显著负相关，说明大籽粒的鲜食蚕豆粗脂肪含量较低，小籽粒鲜食蚕豆粗脂肪含量较高。维生素 C 含量与鲜籽粒宽呈极显著正相关，因此在进行高维生素 C 含量鲜食蚕豆定向育种时，优先挑选粒形较宽的种质可能更易达到育种目标。

主成分分析法可以有效简化指标筛选程序，已被广泛应用于种质资源性状评价当中。杨生华等（2022）以 301 份国内春蚕豆种质资源为研究对象，开展种子表型多样性分析，将种子表型性状浓缩为籽粒大小因子、籽粒形状因子和粒重因子。吕春雨等（2018）以

41份非洲地区和中国湖北蚕豆种质资源为研究对象，通过主成分分析法将10个产量性状简化为5个主成分，并筛选到9个鉴定和评价蚕豆产量的重要指标。通过主成分分析法，本研究将18个主要农艺性状与品质性状归纳为6个主成分，累计贡献率为86.348%，说明这6个主成分是决定鲜食蚕豆种质多样性的重要因子，其中鲜籽粒百粒重、鲜籽粒长、鲜籽粒宽、鲜荚长和粗脂肪含量等性状可作为鲜食蚕豆种质资源鉴定评价的重要参考指标。

主成分分析综合得分模型可以较为客观、全面地反映样品的优先级和优劣程度，不受人为主观因素的影响，目前已广泛应用于农作物表型性状的综合评价当中。本研究以主要农艺性状和品质性状综合得分F值的大小为依据，对15个鲜食蚕豆品种（系）进行鉴定和评价，为鲜食蚕豆新品种的选育提供材料基础。分析结果表明，Y2224的F值最高，综合表现最好。Y2224为丽水市农林科学研究院选育的鲜食专用型蚕豆新品系，主要农艺性状为：植株较矮抗倒伏，主茎分枝数10.6个，单株荚数27.1个，鲜籽粒百粒重404.08 g，淀粉含量7.64%，粗蛋白含量7.53%，粗脂肪含量1.14%，维生素C含量23.50 mg/g。该品系在浙西南种植时表现出良好的长势和丰产性，大荚大粒，外观品质优良，营养品质居于本试验品种（系）的前列，综合性状优于本地主栽品种双绿5号，有望在未来成为鲜食蚕豆主推新品种。

聚类分析可按照表型特征的相近程度对研究对象进行划分，以此反映种质资源材料的亲缘关系和遗传距离。本研究将15个鲜食蚕豆品种（系）划分为3个类群，且每一类群的性状均有别于另两个类群。相同来源的品种（系）并未聚于同一类群内，与杨生华等（2022）的研究结果一致，出现这一现象的原因是表型性状受遗传与环境的共同调控。第Ⅰ类群为高蛋白含量、高脂肪含量、株型较高、每荚粒数较多的中粒型蚕豆品种（系）；第Ⅱ类群为

高淀粉含量、分枝性和结荚性较强、荚形较长的大粒型蚕豆品种（系）；第Ⅲ类群为高维生素C含量、荚形宽大的超大粒型蚕豆品系。在生产中可以根据实际需求挑选适宜的品种（系）加以利用。

二、基于定量描述法的鲜食蚕豆资源食味品质感官评价与分析

随着居民健康意识的提高和消费结构的调整，鲜食蚕豆的市场认可度逐年提升，产业处于快速增长阶段。但是，目前国内外关于鲜食蚕豆的研究主要集中在遗传育种和栽培技术方面，在本研究检索范围内，有关食味感官品质的研究还未见报道。利用人工感官评价对不同鲜食蚕豆品种的食味性状进行分析，结合多元统计分析方法探究各性状之间的差异性和相关性，初步确定了鲜食蚕豆食味品质评分标准，为鲜食蚕豆的标准化评判奠定了研究基础和理论依据，对优质鲜食蚕豆新品种选育和质量监督具有一定的参考意义。采用定量描述法对22个鲜食蚕豆资源的食味品质开展感官评价分析，旨在建立鲜食蚕豆食味感官品质评价的标准和方法，进而为鲜食蚕豆感官品质的深入研究和优质鲜食蚕豆新品种的选育提供理论依据和技术支撑。

我国鲜食蚕豆的种质类型主要包括地方品种、本土育成品种和国外引种，研究从以上3种类型中筛选具有代表性的品种15个，另选配丽水市农林科学研究院自主选育的新品系7个，开展鲜食蚕豆资源食味品质感官评价。在感官评价中，综合得分最高的品种（系）为Y019（8.0）和HN002（7.8）。其中，Y019为丽水市农林科学研究院选育的鲜食专用型蚕豆新品系，主要农艺性状为：植株较矮抗倒伏，主茎分枝数7.6个，单株荚数27.0个，鲜籽粒百粒重403.93 g。该品系在浙西南种植时表现出良好的长势和丰产性，大荚大粒，外观品质优良，食味品质居于本试验品种（系）的

首位，有望在未来成为鲜食蚕豆主推新品种。HN002为河南地方品种，具有抗旱性强、口感好的优点，但产量较低、生育期长、外观品质差。总的来看，合理开发利用地方资源有助于拓宽蚕豆种质资源的遗传多样性，改良选育出优质、抗逆、广适应性的新品种。

定量描述分析法是一种由评价员对样品的所有特性进行定性分析和描述的感官评价方法，可以借助多元统计分析达到测量数据定性与定量的结合，该方法已被广泛应用于菜用大豆、黄瓜、茶叶等农作物的感官评价中。本研究采用定量描述分析法对22个鲜食蚕豆品种（系）开展了食味感官评价，建立了鲜食蚕豆感官特征定量描述词汇表，为鲜食蚕豆感官品质的深入研究提供了理论依据，对优质鲜食蚕豆新品种选育具有参考价值。在后续研究中，将进一步引入营养成分检测等客观评价分析方法，以期进一步补充和完善鲜食蚕豆的食味品质评价体系。

三、利用简化基因组测序数据鉴定蚕豆SNP

蚕豆为二倍体作物（$2n=2x=12$），基因组约13 Gb（Johnston et al.，1999），其基因组大小为豆科模式作物苜蓿的25倍（Rispail et al.，2010），是已知豆科作物中基因组最大的物种之一。蚕豆超大的基因组严重阻碍了全基因组测序及标记开发等基因组资源研究，使得利用分子标记获取遗传增益等工作进展缓慢。近年来，随着第二代测序技术的快速发展与测序成本的显著下降，高通量测序已经广泛应用于小麦等复杂、巨大基因组作物的标记开发、基因定位等工作（Poland et al.，2012；Wang et al.，2014）。在蚕豆上，Yang等（2012）利用454测序技术对247份蚕豆种质的混合基因组进行部分测序，鉴定到125 559条SSR序列，开发了28 503对SSR引物；Kaur等（2012）利用454测序技术对2份蚕

豆品种进行转录组测序，鉴定到 304 680 个蚕豆特异基因，开发了 802 对 SSR 引物；Webb 等（2016）从两份蚕豆自交系的转录组测序数据中鉴定到 845 个 SNP，并构建了含 687 个 SNP 标记的遗传图谱，这些标记为蚕豆遗传育种研究奠定了坚实的基础。由基因组水平上单个核苷酸的变异所引起的 DNA 序列多态性（Vignal et al.，2002），即单核苷酸多态性（SNP）标记，由于在基因组上分布广泛、密度高、稳定性好、适于规模化筛选等特性，成为新一代理想的分子标记，但在蚕豆上，除 Webb 等（2016）中开发的 845 个 SNP 外，目前公开报道的 SNP 标记数目有限。

简化基因组测序如 RAD - Seq（restriction - site associated DNA sequencing），是指利用限制性内切酶打断基因组 DNA，通过降低基因组的复杂程度，对特定片段进行高通量测序以获得代表目标物种全基因组信息的序列数据（Baird et al.，2008；Rowe et al.，2011）。由于测序深度适中、成本低而且可以不依赖参考基因组，目前已经在多个非模式物种上广泛应用于标记开发、遗传图谱构建、目标基因定位等（Xu et al.，2014；Yang et al.，2013；Hegarty et al.，2013）。本研究利用 RAD - Seq 技术对 8 个蚕豆地方品种进行简化基因组测序，采用不依赖参考基因组的 SNP 鉴定技术（Xu et al.，2014），在全基因组范围内鉴定蚕豆 SNP 并分析其特征，新的 SNP 标记为未来基因定位、遗传图谱构建、分子标记辅助育种奠定了基础。

随着测序成本的快速下降，利用基因组重测序鉴定全基因组范围内的 SNP 已经在多种作物上广泛应用。由于蚕豆基因组较大，目前尚无参考基因组，因此蚕豆的 SNP 挖掘进展落后于大豆、菜豆、豇豆等其他豆科作物（Wu et al.，2010；Song et al.，2015；Muñoz - Amatriaín et al.，2017）。Ocana 等（2015）和 Webb 等（2016）分别通过对不同蚕豆自交系的转录组测序分析，从中鉴定出 39 060 个 SNP 和 845 个 SNP，其中 Webb 等（2016）还将鉴定出的 SNP 转化为 KASP 标记，并构建了蚕豆上首张基于 SNP 标记的遗传图谱。本研究对 8 个种质进行了 RAD-Seq 测序，每份种质平均测序数据为 4.77 Gb，约覆盖 36.7%的蚕豆基因组，测序深度较小。为了提高 SNP 鉴定的准确性，本研究使用 Xu 等（2014）开发的特殊贝叶斯算法，在无参考基因组的情况下共鉴定出 3 722 个 SNP 标记，不同种质中鉴定出的 SNP 数目差异较大，数目最少的品种与数目最大的品种间相差 300 个 SNP。进一步分析单个品种的数据量与其所鉴定出的 SNP 数目之间的关系，发现二者之间的相关性很低，如测序数据量较大的 FB076 所鉴定出的 SNP 反而是最少的。在 6 种 SNP 突变类型中，T-A→C-G 突变类型所占的比例最大（平均 38.8%），其次为 C-G→T-A（平均 28.0%），出现比例最小的为 T-A→A-T（平均 7.50%）。而在 Ocana 等（2015）的研究中，C/T 类型的 SNP 占比最大（18.7%），其次为 A/G（16.5%）、T/C（15.3%）和 G/A（14.2%），其他类型的 SNP 占比仅为 5%，说明不同类型的 SNP 在基因组上分布并不均匀，而且不同品种间的 SNP 类型差异很大。与 Ocana 等（2015）和 Webb 等（2016）利用转录组测序数据挖掘 SNP 不同，本研究利用基因组测序数据挖掘 SNP，不仅可以鉴定出基因表达区域的 SNP 突变，还可以鉴定出基因内部和基因间等非编码区域的 SNP 突变，SNP 来源更加丰富。

蚕豆为常异花授粉作物，天然异交率为 4%～84%（Kaur et al.，2012）。在本研究所鉴定的 SNP 中，有约 46%的 SNP 为杂合突变类型，说明本研究使用的 8 个地方品种自身杂合率较高，这提醒研究人员在研究蚕豆地方种质时，遗传背景的杂合率问题需要格外关注。本研究还将 31 个 SNP 转化为 KASP 标记，其中 66.7%的标记在不同种质中检测到对应的基因型，这与 Webb 等（2016）

的研究结果中KASP标记67.6%的成功率接近。蚕豆SNP转化为KASP标记后的成功率相对较低，最主要原因可能是缺乏参考基因组，导致SNP鉴定的精确性受到影响。无论如何，这些大批量的SNP为蚕豆遗传多样性分析、基因定位及分子育种提供了有力的遗传工具。

四、不同底肥处理对菜用蚕豆生长及产量的影响

有机肥是指利用动植物的废弃物、植物残体等有机物质进行堆肥或发酵后制成的肥料，具有肥效时间长、养分淋失少的特点。研究表明，长期施用有机肥不仅可以活化土壤养分、提高土壤微生物活性，还能改善土壤结构、提高水分有效利用率，是促进农业绿色可持续发展的重要途径。合理选用施用有机肥能使作物保持良好生长态势、提高作物产量。杨国权等（2023）研究表明，增施生物有机肥能使苹果树体生长健壮，具有提质增产的效果。韩雪梅等（2023）研究发现，在中等地力及以上的稻田中施用植物源有机肥表现出较好的优势与潜力，养分吸收利用率较高。马悦欣等（2023）研究表明，与单施化肥相比，适量增施猪粪可提高土壤有机质含量，提高苹果果实优果率，促进果园增收。然而，在菜用蚕豆的种植过程中存在过度施用化肥、连续多年施用鸡粪的现象，造成土壤生态环境问题频发，制约了产业健康发展，因此，亟须针对本地土壤和作物养分需求规律，探索有机肥选用施用技术，指导菜农合理施肥。本研究以菜用蚕豆品种丽蚕3号为研究对象，开展不同基肥处理对丽蚕3号植株性状及产量性状的影响研究，以期为菜用蚕豆基肥科学施用提供依据。

与施用鸡粪+复合肥相比，羊粪、蚕沙、炭基肥、微生物菌剂能促进植株生长、结荚，提高鲜荚产量，增加种植户收益。综合比较不同基肥处理的菜用蚕豆丽蚕3号植株性状、产量表现和效益情

况，羊粪+复合肥处理施用效果好、基肥总成本较低、增产增收明显，在本地区的菜用蚕豆种植中可优先选用。

五、不同比例腐熟蚕豆秸秆替代化肥对稻田土壤性质及产量的影响

为探索施用腐熟蚕豆秸秆替代化肥对水稻生长及养分吸收的影响，掌握鲜食蚕豆—优质水稻轮作模式下秸秆资源利用的最佳模式，开展等氮条件下蚕豆秸秆不同比例替代化肥对水稻产量及养分吸收、土壤理化性质的影响研究。结果表明，与CK（不施肥）相比，CF（常规施肥）、CF50（50%基肥替代）及CF20（20%基肥替代）对水稻产量提升效果较显著，其中CF20（20%基肥替代）和CF50（50%基肥替代）的水稻产量与CF（常规施肥）的水稻产量无明显差异；CF10（10%基肥替代）的水稻籽粒全氮含量显著高于CK（不施肥）和CF（常规施肥）；CF50（50%基肥替代）的土壤碱解氮、有效磷和速效钾含量与CF（常规施肥）差异显著，改善了土壤养分状况。综合考虑，丽水地区鲜食蚕豆—优质水稻种植模式下，蚕豆季结束后腐熟秸秆替代化肥比例控制在20%左右可实现水稻季稳产，腐熟秸秆替代化肥比例控制在20%～50%可有效提高土壤肥力。

六、不同生物炭对连作蚕豆土壤理化性状、产量及品质的影响

以连作蚕豆土壤为试验材料，探讨4种不同来源的生物炭对连作蚕豆土壤理化性状、蚕豆产量和营养品质的影响。结果表明，添加4种不同来源的生物炭均能改善土壤环境，改善连作蚕豆土壤酸化程度，增加土壤有机质含量、有效磷含量、速效钾含量和碱解氮含量，能够促进连作蚕豆的生长，提高连作蚕豆的产量。生物炭促

进连作蚕豆维生素C含量增加，可溶性糖含量明显提升，可溶性蛋白和脂肪含量增加。不同生物炭种类对连作蚕豆土壤性状、蚕豆产量和品质影响有所不同。4种不同来源生物炭的效果有所不同，稻壳生物炭>木片生物炭>稻秆生物炭>厨余垃圾生物炭。

参 考 文 献

柏文恋，张梦瑶，任家兵，等，2018. 小麦/蚕豆间作作物生长曲线的模拟及种间互作分析 [J]. 应用生态学报，29（12）：4037－4046.

包世英，2016. 蚕豆生产技术 [M]. 北京：北京教育出版社.

陈海柏，2018. 蚕豆根腐病防治技术 [J]. 农业与技术，38（10）：75.

陈惠，王学军，宋居易，等，2018. 壳聚糖涂膜对蚕豆鲜荚采后生理及贮藏品质的影响 [J]. 江苏农业科学，46（24）：220－223.

陈新，袁星星，崔晓艳，等，2015. 不同药剂对蚕豆赤斑病综合防控效果分析及综合防控体系研究 [J]. 金陵科技学院学报，31（1）：74－77.

陈莹，丁文斌，侯海鹏，等，2020. 大粒鲜食蚕豆人工低温春化技术流程 [J]. 现代农业科技（8）：22.

董艳，董坤，汤利，等，2015. 蚕豆根系分泌物中氨基酸含量与枯萎病的关系 [J]. 土壤学报，52（4）：920－925.

杜成章，龙珏臣，黄祥，等，2021. 鲜食与绿肥兼用型蚕豆表型综合评价选择 [J]. 南方农业，15（31）：1－7.

段银妹，尹雪芬，李江，等，2022. 蚕豆新品种凤豆 24 号的选育 [J]. 中国种业（4）：120－121.

高立芳，徐远东，2024. 蚕豆秸秆青贮前后营养成分及饲用价值比较研究 [J]. 畜禽业，35（3）：11－14.

高丽，宋展树，贾纯社，等，2020. 蚕豆残膜穴播高效栽培技术 [J]. 农业科技与信息（9）：24－25.

龚万灼，龙珏臣，刘伟，等，2022. 根瘤菌肥对秋播鲜食蚕豆根系结瘤和产量的影响 [J]. 南方农业，16（21）：55－58.

官玲，王红娟，蒋晓英，等，2023. 蚕豆 DUS 标准品种在重庆的性状表达差异性分析 [J]. 种子，42（4）：133－138.

郭兴莲，刘玉皎，2018. 高蛋白蚕豆新品种青蚕 15 号 [J]. 中国种业（12）：84－85.

郭兴莲，刘玉皎，朵学玲，2022. 首个绿子叶加工型蚕豆品种青蚕 19 号的选育 [J]. 中国种业 (1)：102-103.

郭媛贞，陈芝，黄强，等，2023. 闽中南地区大粒蚕豆露地促早栽培技术 [J]. 福建热作科技，48 (1)：62-64.

郭增鹏，董坤，朱锦惠，等，2019. 施氮和间作对蚕豆锈病发生及田间微气候的影响 [J]. 核农学报，33 (11)：2294-2302.

韩梅，2021. 饱和 D-最优设计在青海高原蚕豆有机肥替代化肥中的应用 [J]. 青海大学学报，39 (5)：38-44.

韩文明，刘阳，兰春霞，等，2023. 西北川塬灌区芦笋定植初期行间套种鲜食蚕豆栽培技术 [J]. 农业与技术，43 (13)：76-79.

韩雪梅，侯万伟，2021. 28 份蚕豆淀粉含量遗传多样性分析 [J]. 青海大学学报（自然科学版），39 (2)：27-33.

何莉，华劲松，徐永蕾，2007. $^{60}Co-\gamma$ 射线对蚕豆 M1 诱变效应的研究 [J]. 西昌学院学报（自然科学版）(2)：24-27.

胡朝芹，何贵兴，吕梅媛，等，2023. 蚕豆杂交 F_1 农艺性状相关性分析 [J]. 安徽农业科学，51 (8)：42-47.

胡新洲，魏建平，蒋欣彤，等，2020. 不同栽培方式对山地鲜食蚕豆产量及经济效益的影响 [J]. 安徽农业科学，48 (20)：47-49，110.

怀燕，宋度林，姚学良，等，2019. 不同品种与播期配置对春化栽培鲜食蚕豆的影响 [J]. 中国农学通报，35 (31)：39-42.

黄洁，王超，闫景彩，等，2017. 蚕豆的饲用现状和饲用改良技术发展趋势 [J]. 饲料工业，38 (10)：60-64.

贾西灵，韩秀楠，张林森，等，2019. 加工工艺对调配型酸性蚕豆乳稳定性的影响 [J]. 保鲜与加工，19 (6)：83-89.

姜小平，焦建华，卢晓芬，2021. 河西地区蚕豆品种比较试验 [J]. 现代农业科技 (10)：32-33.

姜永杰，张海涛，姚仕斌，等，2022. 蚕豆的营养价值及其在饲料中的应用 [J]. 广东饲料，31 (5)：45-49.

蒋丽，牛文武，杜新雄，等，2022. 云南省蚕豆新品种区域试验保山试点结果分析 [J]. 种子科技，40 (20)：10-12，66.

金霞，孙雪梅，2021. 多种药剂对蚕豆蚜虫田间防治效果比较试验 [J]. 浙江农业科学，62 (5)：1004-1005.

李波，石晓旭，刘建，等，2020. 不同种植方式对鲜食蚕豆产量及生长的影响 [J]. 农学学报，10 (12)：73-77.

李程勋，李爱萍，徐晓俞，等，2021. 福建鲜籽粒大粒蚕豆种质资源的引进及评价 [J]. 福建农业学报，36 (4)：394-401.

李程勋，徐晓俞，李爱萍，等，2023. 蚕豆芽苗菜高左旋多巴产量的 LED 光培养条件研究 [J]. 福建农业学报，38 (5)：545-551.

李程勋，徐晓俞，郑开斌，等，2022. 蚕豆发芽过程中蛋白质和抗氧化能力的变化 [J]. 核农学报，36 (11)：2190-2198.

李传哲，庄春，章安康，等，2023. 苏北地区鲜食蚕豆高产种植管理技术 [J]. 上海农业科技 (2)：109-111.

李春林，李春阳，2020. 植物乳杆菌蚕豆发酵饮料的制备与抗氧化性研究 [J]. 食品研究与开发，41 (7)：86-91.

李磊，刘彩琴，杜立和，2022. 高寒阴湿区鲜食蚕豆新品种引进试验初探 [J]. 蔬菜 (8)：68-69.

李莉，韩雪松，陈宏伟，等，2022. 蚕豆新品种鄂豆 3202 的选育 [J]. 中国种业 (5)：97-99.

李莉，刘昌燕，童少华，等，2023. 蚕豆新品种鄂豆 1103 的选育及主要栽培技术 [J]. 中南农业科技，44 (5)：251-253.

李龙，张芸，郭延平，等，2019. 8 种杀菌剂对春蚕豆赤斑病的防治效果 [J]. 植物保护，45 (3)：245-248.

李梅，郭建华，曾岩，等，2018. 蚕豆'启豆 2 号'在大连地区试种初报 [J]. 天津农业科学，24 (12)：43-45.

李启军，2018. 青海省无公害蚕豆高产种植技术 [J]. 农业工程技术，38 (26)：57，59.

李仁慧，闫智臣，段廷玉，2019. 蚕豆真菌病害及其研究进展 [J]. 草业科学，36 (8)：1976-1987.

李旭，2018. 蚕豆综合加工利用研究进展 [J]. 现代食品 (7)：170-171.

李艳芳，2022. 蚕豆肥料利用率试验初报 [J]. 青海农技推广 (3)：62-64.

李一博，冯进，李春阳，等，2020. 蚕豆抗性淀粉的压热法工艺优化及其结构表征［J］. 食品工业科技，41（9）：168－174.

刘陈玮，卞晓春，王凡，等，2022. 蚕豆根腐病研究进展［J］. 安徽农业科学，50（3）：33－34，83.

刘红开，李放，张亚宏，等，2016. 不同品种蚕豆种皮中膳食纤维的提取工艺优化及其理化特性［J］. 食品科学，37（16）：22－28.

刘慧菊，韩丽娟，乔杨波，等，2020. 不同微生物液态发酵对蚕豆蛋白营养价值及功能特性的影响［J］. 食品与发酵工业，46（4）：65－71.

刘小娟，王文慧，李娟，等，2022. 高原夏菜蚕豆病虫害综合防治技术［J］. 农业科技与信息（15）：39－42.

刘雪城，金皓洁，陈彬辉，等，2022. 蚕豆苗提取物对帕金森病的保护作用［J］. 食品工业科技，43（22）：379－386.

刘玉玲，侯万伟，2022. 蚕豆淀粉的研究进展与展望［J］. 青海农林科技（2）：41－45，100.

刘玉玲，张红岩，滕长才，等，2022. 蚕豆 SSR 标记遗传多样性及与淀粉含量的关联分析［J］. 作物学报，48（11）：2786－2805.

柳晓晨，陈宇，梁小环，等，2022. 热水处理对采后鲜食蚕豆荚褐变及活性氧代谢的影响［J］. 核农学报，36（3）：651－660.

龙珏臣，杜成章，王萍，等，2022. 2018—2019 年重庆蚕豆赤斑病发生情况及预测模型的建立［J］. 植物保护，48（5）：291－297.

卢永莲，2023. 蚕豆栽培管理技术与病虫害防治措施［J］. 种子科技，41（8）：99－101.

逯森林，2019. 蚕豆的高产栽培技术［J］. 种子科技，37（10）：51.

罗海林，袁雷，翁华，等，2023. 蚕豆萎蔫病毒 2 号青海辣椒分离物的鉴定与全基因组序列克隆［J］. 园艺学报，50（1）：161－169.

彭葵，李锦鸿，李育军，等，2019. 蚕豆的营养与加工研究［J］. 长江蔬菜（12）：42－45.

漆文选，2021. 高寒二阴区鲜食春蚕豆主要病虫害调查与防治［J］. 中国蔬菜（1）：117－122.

邵俊锋，邵志明，康雨薇，等，2023. 响应面法优化蚕豆罐头的制作工艺［J］.

食品安全导刊（20）：147－150，192.
邵扬，郭延平，郭青范，等，2018. 临夏春蚕豆产业现状及发展建议［J］. 保鲜与加工，18（5）：174－178.
石小平，孙军辉，辛杰，等，2019. 临夏州蚕豆象发生蔓延原因分析及分布规律［J］. 农业科技通讯（6）：227－229.
宋度林，姚学良，怀燕，等，2019. 鲜食蚕豆慈蚕1号春化栽培播期和密度试验［J］. 浙江农业科学，60（1）：78－79，88.
宋度林，赵丽芳，林华，2017. 施肥与疏枝定苗对鲜食蚕豆产量及其农艺性状的影响［J］. 中国农学通报，33（30）：17－21.
孙家美，魏玉梅，冯玉兰，2021. 蚕豆中蛋白质分离及淀粉提取工艺［J］. 农业科技与信息（6）：57－59.
孙永海，鲁敏，善从锐，等，2023. 云南彝豆3号蚕豆种植的气候适宜性划分［J］. 自然科学，11（2）：269－277.
唐世明，2019. 蚕豆的应用现状和发展前景研究综述［J］. 现代商贸工业，40（28）：185－186.
涂丽琴，吴淑华，季英华，等，2019. 江苏省蚕豆上菜豆黄花叶病毒的分子鉴定［J］. 江苏农业学报，35（4）：804－810.
王福珍，2023. 蚕豆栽培管理和病虫害防治技术［J］. 当代农机（4）：75－76.
王晶，许丽，齐广海，等，2019. 家禽肠道健康及其营养调控措施［J］. 动物营养学报，31（6）：2479－2486.
王立明，2019. 莲都区蚕豆规模种植及促早高产栽培技术［J］. 农业科技通讯（5）：277－280.
王伟，康玉凡，陈亚云，等，2016. 蚕豆芽苗菜生长、品质及次茬生长的研究［J］. 中国食物与营养，22（1）：26－30.
王宇蕴，任家兵，张莹，等，2020. 小麦蚕豆间作改善蚕豆根际微生物区系与减轻蚕豆枯萎病的作用［J］. 土壤通报，51（5）：1127－1133.
翁华，马志卿，2021. 蚕豆主要病虫害全程生物农药防控技术研究［J］. 青海师范大学学报（自然科学版），37（4）：47－52.
吴雨佳，申士富，钱静，等，2018. 青海蚕豆的品质评价及其不同来源的差异比较［J］. 江苏农业科学，46（22）：234－236.

肖亚冬，缪亚梅，聂梅梅，等，2022.9个蚕豆品种生长性状与品质分析及速冻加工品质评价［J］. 江苏农业科学，50（13）：178-186.

辛佳佳，张南峰，程华萍，等，2022. 江西省地方蚕豆种质资源遗传多样性分析及优异资源挖掘［J］. 江苏农业学报，38（1）：20-29.

徐红梅，庄新建，陈佳欢，等，2020. 蚕豆常见病毒病的鉴定及分类综述［J］. 江苏农业科学，48（24）：8-16.

徐仁超，刘陈玮，卞晓春，等，2022. 春化蚕豆绿色轻简栽培技术及低碳高效种植模式应用［J］. 长江蔬菜（8）：22-24.

薛晨晨，叶松青，张炯，等，2018. 不同春化时间对蚕豆生长和开花的影响［J］. 浙江农业科学，59（9）：1683-1686.

杨进成，刘坚坚，李祥，等，2020. 高产稳产优质蚕豆新品种玉豆3号的选育及栽培技术［J］. 农业科技通讯（9）：270-272.

杨生华，邵扬，李文俊，等，2022. 国内春蚕豆种质资源种子表型性状多样性分析［J］. 贵州农业科学，50（10）：1-6.

杨伟成，2018. 蚕豆主要病虫害及其防治技术［J］. 农业与技术，38（17）：121-122，139.

杨希，2022. 盐浓度对蚕豆酱发酵过程中原核微生物多样性及理化因子的影响［J］. 食品与发酵工业，48（4）：200-206.

杨新，杨峰，吕梅媛，等，2022. 不同地理来源蚕豆种质的绿豆象抗性特征分析［J］. 四川农业大学学报，40（4）：512-518，609.

杨学琴，赵丽娜，2019. 高寒阴湿地区蚕豆高产栽培技术规程［J］. 农业与技术，39（10）：110-111.

杨云芳，2022. 蚕豆优质高产栽培技术及施肥要点［J］. 乡村科技，13（14）：68-70.

尹雪芬，陈国琛，段银妹，等，2019. 多抗优质高产蚕豆新品种“凤豆20号”选育及栽培技术［J］. 云南农业科技（1）：51-53.

于海天，王丽萍，杨峰，等，2021. 蚕豆抗锈病鉴定方法的改进及资源筛选［J］. 植物病理学报，50（6）：702-710.

袁婷婷，赵骞，董艳，2021. 阿魏酸胁迫下间作对蚕豆枯萎病发生和根系组织结构的影响［J］. 土壤学报，58（4）：1061-1069.

张杰，杨希娟，党斌，等，2019. 蚕豆纳豆发酵工艺优化及其酶学性质［J］.

食品工业科技，40（6）：205－210.

张乐怡，刘宇，陈平强，等，2022. 几种生物农药对青海蚕豆主要病虫害的防治效果［J］. 中国生物防治学报，38（6）：1377－1384.

张敏，2019. 禄丰县鲜食青蚕豆赤斑病防治田间药效试验研究［J］. 农业科技通讯（1）：86－87.

张晓媛，王葶，查旭榕，等，2023. 南方小花蝽对为害蚕豆的三种蚜虫的捕食作用［J］. 中国生物防治学报，39（1）：29－37.

张芸，李龙，李强，等，2018. 不同间作方式对蚕豆农艺性状的影响［J］. 农业科技通讯（9）：109－111.

赵薇，王爱花，陆慢，等，2018. 不同春化处理对蚕豆开花结荚时间和产量的影响［J］. 江苏农业科学，46（16）：102－105.

郑国珍，周成丽，胡玉霞，2020. 浙西地区鲜食蚕豆高产栽培技术［J］. 上海蔬菜（4）：41－42.

郑敏，欧阳满，黄强，2017. 蚕豆蛋白质的营养价值及利用分析［J］. 现代食品（20）：26－27.

郑鑫禹，张峻铭，谢骏，等，2023. 蚕豆水提取物及维生素 C 和 E 对草鱼肌肉质构、营养成分以及氧化应激的影响［J］. 水产学报，47（6）：118－132.

周仙莉，滕长才，郑栋，等，2023. 蚕豆亚有限生长型新种质的发现与鉴定［J］. 寒旱农业科学（6）：515－520.

周晓波，李洪文，周兴良，等，2022. 双柏县白花大粒蚕豆丰产栽培技术［J］. 现代农业科技（3）：21－23.

周瑶，周恩强，姚梦楠，等，2023. 我国鲜食蚕豆品种发展现状及趋势［J］. 浙江农业科学，64（10）：2423－2428.

朱丽莹，张佳苗，曹荣安，2022. 蚕豆酱的研究进展及发展方向［J］. 粮食加工，47（2）：65－68.

朱麟，凌建刚，李伟荣，等，2019. 包装与贮藏温度对蚕豆采后品质的影响［J］. 食品与机械，35（3）：144－148，208.

朱正梅，卢华兵，吕学高，2019. 蚕豆新品种筛选及其栽培技术比较试验［J］. 上海农业科技（2）：93－94.

朱正梅，宋度林，卢华兵，等，2022.10 个鲜食蚕豆品种产量评价和食味品质分析［J］. 浙江农业科学，63（5）：968－971.

庄应强，屠娟丽，费伟英，等，2018. 不同鲜食蚕豆品种产量性状及营养成分比较［J］. 安徽农业科学，46（32）：52－54.

Abbas Y，Ahmad A，2018. Impact of processing on nutritional and antinutritional factors of legumes：a review［J］. Annal Food Sci Technol，19（2）：199－215.

Alavi F，Chen L，Wang Z，et al.，2021. Consequences of heating under alkaline pH alone or in the presence of maltodextrin on solubility，emulsifying and foaming properties of faba bean protein［J］. Food Hydrocolloids，112，106335.

Ali M B M，Welna G C，Sallam A，et al.，2016. Association analyses to genetically improve drought and freezing tolerance of faba bean（*Vicia faba* L.）［J］. Crop Science，56（3）：1036－1048.

Badjona A，Bradshaw R，Millman C，et al.，2023. Faba bean processing：thermal and non－thermal processing on chemical，antinutritional factors，and pharmacological properties［J］. Molecules，28（14）：5431.

Ohm H，Saripella G V，Hofvander P，et al.，2024. Spatio－temporal transcriptome and storage compound profiles of developing faba bean（*Vicia faba*）seed tissues［J］. Frontiers in Plant Science，15：1284997.

Singh M，Upadhyaya H D，Bisht I S，2013. Genetic and genomic resources of grain legume improvement［M］. London：Elsevier.

Shi D，Nickerson M T，2022. Comparative evaluation of the functionality of faba bean protein isolates with major legume proteins in the market［J］. Cereal Chemistry，99（6）：1246－1260.

Siah S，Wood J A，Agboola S，et al.，2014. Effects of soaking，boiling and autoclaving on the phenolic contents and antioxidant activities of faba beans（*Vicia faba* L.）differing in seed coat colours［J］. Food Chemistry，142：461－468.

Singh R，Singh Y，Xalaxo S，et al.，2016. From QTL to variety－harnessing the benefits of QTLs for drought，flood and salt tolerance in mega rice varieties of India through a multi - institutional network [J]. Plant Science, 242: 278 - 287.

Yang J, Liu G, Zeng H, et al., 2018. Effects of high pressure homogenization on faba bean protein aggregation in relation to solubility and interfacial properties [J]. Food Hydrocolloids, 83: 275 - 286.

图书在版编目（CIP）数据

蚕豆品种及栽培技术研究与实践 / 刘庭付，王琳琳，钟洋敏主编. -- 北京 ：中国农业出版社，2025. 5.
ISBN 978-7-109-32871-6

Ⅰ. S643.6

中国国家版本馆 CIP 数据核字第 2024G61U37 号

中国农业出版社出版
地址：北京市朝阳区麦子店街 18 号楼
邮编：100125
责任编辑：郭　科
版式设计：王　晨　　责任校对：吴丽婷
印刷：中农印务有限公司
版次：2025 年 5 月第 1 版
印次：2025 年 5 月北京第 1 次印刷
发行：新华书店北京发行所
开本：880mm×1230mm　1/32
印张：8　　插页：2
字数：210 千字
定价：48.00 元
